基于 Pathfinder 的高校建筑火灾疏散研究

王致嫣　著

中国矿业大学出版社
·徐州·

内容简介

本书以高校建筑火灾安全疏散为研究对象，采用 Pathfinder 疏散模拟软件探讨高校不同类型建筑的人员疏散特性。书中分析了高校火灾的特点与成因，结合国内外相关规范与标准，建立了宿舍楼、办公楼、教学楼及教师公寓等多种高校建筑类型下的疏散模拟模型，系统评估了火灾位置、人员密度、楼梯和出口数量及布局等因素对疏散效率的影响，并提出了优化设计与管理的建议。本书内容理论联系实际，研究方法科学严谨，适合消防安全、建筑设计、安全工程等领域的研究人员、高校师生及相关技术人员参考阅读。

图书在版编目(CIP)数据

基于 Pathfinder 的高校建筑火灾疏散研究 / 王致嫣著. —徐州：中国矿业大学出版社，2025. 4. — ISBN 978-7-5646-6781-8

Ⅰ. TU998. 1

中国国家版本馆 CIP 数据核字第 2025BN5681 号

书　　名　基于 Pathfinder 的高校建筑火灾疏散研究
著　　者　王致嫣
责任编辑　陈　慧
出版发行　中国矿业大学出版社有限责任公司
（江苏省徐州市解放南路　邮编 221008）
营销热线　(0516)83885370　83884103
出版服务　(0516)83995789　83884920
网　　址　http://www. cumtp. com　**E-mail**：cumtpvip@cumtp. com
印　　刷　江苏凤凰数码印务有限公司
开　　本　787 mm×1092 mm　1/16　**印张** 9. 25　**字数** 162 千字
版次印次　2025 年 4 月第 1 版　2025 年 4 月第 1 次印刷
定　　价　40. 00 元
（图书出现印装质量问题，本社负责调换）

前　言

校园火灾安全事关广大师生生命安全与社会稳定，高校建筑在消防疏散设计和安全管理方面仍存在诸多不足，亟待深入研究并提出有效的改进措施。鉴于此，本书结合作者多年来在消防工程领域的研究经验与教学实践，以保障高校建筑火灾条件下人员安全疏散为出发点，运用 Pathfinder 疏散模拟技术对高校宿舍楼、办公楼、教学楼及教师公寓等典型建筑进行了深入的仿真分析与系统研究。

全书探讨了高校火灾的特点及成因，分析了建筑火灾中人的行为特性及其影响因素，并梳理了国内外相关消防疏散理论与规范标准。在此基础上，分别针对高校不同类型建筑构建疏散仿真模型，深入研究了楼梯与出口设置、人员密度等关键因素对疏散效率的影响，提出了符合高校实际情况的疏散优化设计方案与管理建议，旨在为高校消防安全管理者提供可靠的理论依据与实践指导。

随着消防安全研究的不断深入，人工智能、大数据等新技术的引入，将进一步拓展火灾疏散研究的广度和深度。期望本书的研究成果能为后续相关研究提供基础性支持，也希望能推动高校消防安全管理向科学化、精细化方向发展。

本书出版受贵州理工学院矿业工程学院省级一流专业安全工程和贵州省省级“金课”“消防工程”的资助，在此一并表示感谢！

限于本人水平和经验，书中难免存在不足与疏漏，敬请各位同行专家和广大读者批评指正。

贵州理工学院 王致嫣

2025 年 2 月

目　录

1 绪　论

1.1 研究背景

高校建筑作为公共场所的重要组成部分，不仅承担着教学、科研和生活的基本功能，也因人员密集、使用频率高而成为火灾风险较高的建筑[1]。高校建筑覆盖多种功能性空间，包括宿舍、实验室、教学楼和图书馆等，每个建筑类型的火灾风险和疏散需求不同。

近年来，随着高等教育规模的快速扩张，高校建筑的数量和类型明显增加，火灾事件发生频率和危害性也呈上升趋势[2]。例如，宿舍区因学生对用电设备管理不足和违章使用大功率电器而成为火灾多发点；实验室则因易燃化学试剂的存储与使用不当而面临更高的火灾风险。火灾不仅带来直接的生命财产损失，还可能严重干扰高校的教学科研秩序，并对社会稳定产生广泛影响。一方面，火灾事件可能引发公众对高校管理能力的质疑，另一方面，也可能影响学生和教职工的心理安全感。

学术界逐步将仿真软件与人员疏散研究相结合，探索更科学的火灾防控与应急管理方法[3-4]。基于成熟的理论模型，结合观测数据和前期研究积累，计算机仿真可以高效模拟特定场景下的人员疏散过程，为科学研究和工程决策提供数据支持。仿真技术的兴起，使研究者能够通过虚拟场景模拟人员疏散过程，从而评估不同火灾场景下的疏散策略效果。

在人员疏散研究中，国内外学者开发了多种安全疏散仿真软件，如AnyLogic、EVAC、BuildingEXODUS、Pathfinder 等。其中，Pathfinder 作为受到广泛关注的软件之一，其技术特点和应用场景使其在学术研究和工程实践中得到一定认可[5]。例如,在宿舍楼高密度人员疏散的研究中,Pathfinder 能够快速定位疏散瓶颈并优化出口配置[6]。

尽管 Pathfinder 的技术有明显优势,但现阶段的研究主要集中于单一校园建筑的疏散模拟分析,对整个校园建筑体系的综合性和系统性研究仍显不足。例如,对宿舍、实验室和图书馆等不同建筑功能区域的差异化疏散需求的细化分析尚未全面展开。对于弱势群体的疏散支持设计和动态指引系统的有效性评估也有待深入。

1.2 高校建筑火灾的特点与成因

1.2.1 高校火灾安全形势分析

随着中国高等教育事业的快速发展,高校建筑的数量和规模不断增加,学生和教职工的人数也明显增长,为高校的火灾安全管理带来了新的挑战。2023 年我国高等教育数据如表 1-1 所列。作为消防重点单位,学校始终是消防管理的重点对象。近年来,学校火灾事件频频发生,造成了较大的人员伤亡和社会影响,详见表 1-2。

表 1-1 2023 年全国高等教育事业发展基本数据[7]

项　目	2023 年数据	较 2022 年增长
高等教育毛人学率	60.2%	0.6 个百分点
高等学校数量	3 074 所	61 所
高等教育在学总规模	4 763.19 万人	2.32%
普通本科招生人数	478.16 万人	2.19%
高等教育专任教师人数	207.49 万人	4.91%
普通、职业高校校舍建筑面积	11.89 亿 m^2	5 814.64 万 m^2
普通、职业高校生均校舍建筑面积	28.26 m^2	
普通、职业高校生均教学科研仪器设备值	1.86 万元	

(1) 高校建筑规模的扩展及火灾风险增加

2023 年,全国普通和职业高校校舍建筑面积达到 11.89 亿 m^2,比上年增加 5 814.64 万 m^2,反映出高校建筑规模的持续扩展。校舍建筑面积的增加意味着更多的电气设备、实验仪器和人员流动，导致引发火灾的概率增加。

表 1-2 国内高校典型火灾事故案例

发生时间	火灾发生地点	火灾发生原因	伤亡损失情况
2015-12-18	清华大学化学系何添楼	实验所用氢气瓶意外爆炸起火	1名博士后身亡
2016-08-14	烟台大学某宿舍楼	学生在走廊内使用可燃液体煮东西	1名学生身体被烧伤面积达40%
2018-12-26	北京交通大学东校区2号楼	实验室发生爆炸	3名参与实验的学生死亡，实验室大楼被毁
2019-06-19	上海大学延长校区一临街大楼	不详	未造成人员伤亡，但对学校造成了巨大的经济损失
2021-07-13	南方科技大学	化学实验室起火	实验人员轻度烧伤
2022-03-02	清华大学紫荆公寓	电器故障引燃周边可燃物	未有学生受伤，但经济损失严重

(2) 学生数量的增加对疏散能力的挑战

2023年全国高等教育在学总规模为4 763.19万人，比上年增长2.32%，生均校舍建筑面积为28.26 m^2，说明单位面积内的人员密度较高。一旦发生火灾，高密度人员集中可能增加疏散难度，延长逃生时间，导致火灾事故的人员伤亡风险提升。

(3) 高等学校功能复杂化引发的火灾隐患

随着高校功能的多样化，教学楼、实验室、图书馆、宿舍、食堂等建筑类型及其用途复杂化。例如，实验室使用易燃化学品，可能发生化学火灾或爆炸；图书馆、档案馆储存大量纸质资料，火灾负荷高；食堂使用燃气设备，易发生气体泄漏引发的火灾。

(4) 电气设备使用的增加带来的新隐患

在信息化教学的推动下，高校广泛应用计算机、多媒体设备和其他电气设备。数据显示，2023年普通、职业高校生均教学科研仪器设备值为1.86万元。一方面，设备增加了火灾隐患，特别是在用电超负荷的情况下；另一方面，设备管理和维护不到位也可能导致火灾事故的发生。

1.2.2 高校建筑火灾特点分析

(1) 时段性与多样性

高校建筑火灾呈现出时段性特征。例如，宿舍楼火灾多发生在夜间学生集中休息时，该时段由于人员密集且警惕性较低，使火灾具有较大的潜在威胁。夜间火灾的疏散难度较高，疏散组织需要考虑学生的反应迟缓性以及路径选择中的拥堵风险。相比之下，教学楼火灾则多集中在教学活动密集的白天时段，尽管人员流动性较大，但由于光照条件较好且疏散通道较为畅通，其组织疏散相对容易[8]。

此外，高校建筑功能复杂，包括教学、科研、生活和商业等多个领域。这种功能的多样化决定了各类建筑的火灾风险来源和防控需求具有明显不同。例如，教学楼的火灾多与电气线路老化有关，而商业配套设施则因餐饮操作和油烟管道清理不及时而易发生火灾。

(2) 高层建筑的复杂性

高校高层建筑的广泛应用进一步增加了火灾防控的复杂性。高层建筑内常见的楼梯间、电缆井和通风竖井等竖向设施，在火灾中容易形成“烟囱效应”，明显加速烟雾和火焰的垂直传播，不仅对高层和中层的人员安全构成威胁，还增加了灭火行动的难度。从疏散路径的角度来看，高层建筑的垂直疏散路径较长，当楼梯设计不合理或宽度不足时，极易形成疏散瓶颈，导致人员疏散时间明显延长[9]。

(3) 设施设备的复杂性

高校建筑内的设施设备种类繁多，包括实验室仪器、计算机设备、供电供水系统等。这些设施设备的复杂性增加了火灾发生的可能性和扑救的难度。实验室中常使用易燃、易爆和有毒化学品，操作不当或设备故障可能引发火灾或爆炸事故。计算机房等场所集中了大量电子设备，电气线路复杂，若维护不当，可能因线路老化或过载引发火灾。此外，供电、供水、供气等基础设施的老化或故障，可能导致火灾发生或在火灾中失效，影响灭火和疏散工作。

(4) 人员构成的特殊性

高校人员构成较为复杂，涵盖了不同年龄、文化背景、专业领域及生理状况的群体，主要包括学生、教师、科研人员、行政管理人员以及外来访客等。人员构成的多样性与流动性增加了火灾风险的复杂程度，尤其在开学、毕业、校园活动等特殊时期，人员密度明显升高，易导致疏散过程中出现路径拥堵和踩踏事故等次生灾害。此外,高校学生群体年龄虽相对集中,但消防安全意识和逃生技能仍呈现明显差异。部分学生由于缺乏必要的消防培训,面对火灾易出现慌乱、盲从的行为,甚至影响整体疏散效率。教师与科研人员虽然普遍具有较高的安全认知能力,但在火灾等突发事件中反应能力和组织协调水平参差不齐。外来访客则更容易因不熟悉校园环境及疏散路线,导致在火灾发生时做出迟缓甚至错误的逃生决策。

1.2.3 高校建筑火灾成因分析

(1) 学生行为风险

一项对 2000—2022 年间 143 起高校火灾事故的调查分析显示,学生的不安全行为是高校火灾的重要诱因之一,占据了 107 起[8]。其中,用电安全问题尤为突出,特别是学生使用电器后未及时断电的行为,以及学生违规使用大功率电器的行为。此外,电气线路的检查与更换不及时也是火灾隐患的重要来源,见表 1-3。

表 1-3 2000—2022 年国内 107 起高校火灾事故中人的不安全行为统计分析[8]

类别	动作描述	频数/次	占比/%
用电场景	电器使用后未断电,插头长时间插电,插线板超负荷使用,电动车电池入室充电,离开实验室未断电,使用劣质插线板,私拉电线,电热杯干烧,晾衣滴水进插座,乱扔烟头,烟道起火	85	79.43
用火场景	施工用火不当,未熄灭蚊香离开,明火做饭,铁锅干烧	8	7.48
实验场景	误触仪器、药品,实验过程爆燃,实验设备操作中离人,实验配比错误	14	13.08

(2) 老旧建筑火灾隐患

许多高校建筑由于设计年代较早,防火间距不足,疏散设施不完善,大量使用可燃装修材料等,存在较多先天性火灾隐患。例如,旧式教学楼和宿舍楼普遍缺乏完善的防火隔离设施,火灾一旦发生,容易迅速扩散至整栋建筑[10]。

(3) 消防安全意识薄弱

高校学生和部分教职工对消防安全的重视程度不足,缺乏系统的消防安全教育。例如,在面对火灾时,许多学生未能迅速做出反应,部分学生甚至尝试携带物品疏散,导致疏散延误和出口拥堵[11]。

（4）实验室管理不规范

实验室火灾多因化学试剂存储不当、实验操作违规或通风设施设计缺陷引发[12-13]。例如，某高校实验楼因未严格管理易燃化学品储存，导致小型火灾迅速蔓延，危及多个实验室。此外，部分实验楼缺乏专门的危险品存储空间，使得易燃物与火源接触的风险增加。

1.3 建筑火灾中人的行为基础理论研究

在建筑火灾的初始阶段，受困人员通常仅能靠自主行动或群体互助实现安全疏散[14]。专业应急救援力量，如消防救援与医疗急救的介入，往往滞后于火灾发展的关键阶段。因此，人的行为在火灾初期阶段具有决定性作用[15-16]。从行为科学的角度来看，疏散行为可解构为人员基于情境认知、行为意向及决策评估所形成的特定行动模式，该模式反映了人员在紧急逃生过程中的行为特征规律。人们在逃生过程中的表现被称为疏散行为。

消防安全体系涵盖火灾预防、火势与烟雾蔓延控制、火灾扑救以及紧急疏散通道的保障等多重维度。消防安全政策的制定与实施，实质上反映了社会政治层面对消防安全问题的认知与价值取向。然而，历史火灾案例表明，建筑火灾中人的安全疏散很难保证。例如，比利时创新百货（1967 年）、肯塔基州比佛利山晚宴俱乐部（1977 年）、爱尔兰斯塔达斯夜总会（1981 年）、纽约幸福之地社交俱乐部（1990 年）以及罗德岛车站夜总会（2003 年）等重大火灾事故，均暴露出建筑疏散系统的局限性。以上火灾事故与建筑规范的严重违规有关，这些案例不仅揭示了建筑火灾安全的复杂性，也为相关法规的改进提供了宝贵的参考。因此，结合心理学、行为学与建筑设计，深入探讨火灾中的人的行为与决策过程，已成为火灾安全设计中亟待解决的关键问题。

1.3.1 火灾中人的行为的早期研究

（1）建筑疏散行为研究的演变

建筑疏散行为的系统研究开始于 20 世纪初期[17]，早期研究聚焦于走廊、楼梯等建筑构件中的人群移动特征。以 Pauls、Fruin 为代表的先驱学者通过实证测量建立了人群密度与行进速度的量化关系模型[18-19]，其研究成果直接推动了全球建筑防火规范的革新，确立了疏散楼梯最小宽度标准、最大通行流量要求等强制性条款。然而，该研究存在一定局限，既忽视了建筑的实际使用状态，更未充分考量火灾情境下真实的人类行为特征。

20 世纪末，建筑消防安全的研究范式从单纯技术视角转向强调人员行为因素的综合性视角。英国学者 Sime[20] 提出了“人员响应避难疏散时间模型”(occupant response shelter escape time，简称 ORSET 模型)，标志着该领域首次将建筑防火工程学(建筑学、工程学)与疏散行为学(心理学、设施管理学)进行了跨学科整合。该模型的核心参数——人员风险标准，包含四大评估维度：人员密度与活动特征、预动作时间指数、视觉可达性/疏散设计以及疏散通道参数。Sime 认为，“建筑使用类型”是人和环境之间相互关系的体现。人的疏散行为不仅受其稳定人格特质(如风险认知能力、生理机能等)影响，还会因所处环境与社会的差别表现出明显的不同[20]。此外，该模型还指出，安全疏散的效果取决于个体特征或所处建筑的使用类型、建筑平面布局、内部空间设计(如防火分区划分)以及消防设施的配置水平。以疏散通道与安全出口为例，其可用性需满足双重条件：火灾发生的位置及火势与烟雾的蔓延程度，以及消防设施的适用性以及维护情况。

(2) 人员移动速度的研究

人员移动速度与移动时间的研究始于 20 世纪初。迄今为止，全球多位学者已就此开展重要研究，包括 Fruin(美国)、Pauls(美国)、Predtetschenski 与 Milinski(德国)[18]、Habicht 与 Braaksma(加拿大)[19] 和 Jin(日本)[21] 等代表性学者。目前，针对不同建筑类型及人群特征的疏散时间需求，已建立较完备的数据库，因此，建筑物疏散时间评估具备了充分实证基础。Pauls 与 Fruin 的研究成果已被转化为标准化计算工具，并被纳入多国的消防工程法规与工程实践规范中。

研究发现，人的步行行为特征在有烟环境和无烟环境中有明显区别。此外，老年人、儿童及残障人群的行为模式也偏离了既有的预期，这一现象在早期计算方法中未得到充分考量[19]。该研究促使消防规范对特殊人群疏散参数进行了修订。

(3) 火灾与人的行为的关联性

关于火灾中人类行为的首次系统性科学研究可追溯至 1950 年代的美国。当时研究者假设建筑物已具备充分防火安全性，重点关注人员行为与火势发展的动态关系，但忽视建筑设计与安全疏散的交互影响。典型案例分析表明，建筑物内人员在火灾发生前后的行为特征直接影响火势规模，例如，1956 年阿伦德尔公园火灾幸存者访谈揭示，人员在初次逃生后会选择重返火场，试图搜寻失联的亲属。

到了 1970 年代，火灾中的人类行为因素引发学界广泛关注，推动了消防安全理念的革新。1969—1974 年间，加拿大开展了高层办公建筑疏散的大型研究。1972 年，Wood 在英国实施了针对住宅火灾中人类行为的大规模调研，消防人员通过标准化问卷访谈了涉及 952 起火灾的 2 139 名当事人[17]。1977 年，Bryan 借鉴 Wood 的研究方法，在美国开展类似的研究，访谈了涉及 335 起火灾(半数为住宅火灾，其余为商铺及办公楼等场所火灾)的 584 名当事人[17]。两项研究均发现家庭成员在初次逃生后存在重返火场的倾向，同时发现人员在逃生过程中倾向于穿越有烟区域，并且住宅火灾中住户往往尝试自主灭火。这两项研究共同证明了传统疏散模型在处理人员行为复杂性方面存在漏洞。

(4) 行动受限人员疏散的研究

针对行动受限人群的疏散研究始于 1970 年代的高层建筑疏散研究，多位研究者[18,20,22-23]对此进行了深入探索，重点研究了火灾疏散中电梯的安全使用以及“原地避难”策略。1980 年代初，电梯被纳入火灾疏散系统，但在当时，电梯使用对人员生存概率的有效数据尚缺乏。直到美国“9・11”事件，世贸中心南塔中约 3 000 人通过自主疏散及使用电梯得以生还[24]。

(5) 预动作时间的解析

研究表明[18]，预动作时间在疏散所需总时长中的重要性远高于实际移动至安全区域所需时间。大量火灾事故分析显示，疏散延迟与火灾伤亡数量之间存在相关性，尤其是在住宅建筑与酒店等场所。因此，预动作时间及其行为模式现已被视为疏散过程的核心要素。研究者对 1977 年比佛利山晚宴俱乐部火灾及 1942 年椰林俱乐部火灾的重新评估指出疏散延迟是导致两起火灾重大伤亡的关键因素，而早期研究者是将伤亡归因于这两起火灾的特殊性。学界普遍认识到，几乎所有火灾中均存在疏散延迟现象。

(6) 疏散模型研究

早期主流的疏散模型主要基于物理参数计算，如距离出口长度、步行速度以及走廊、门、楼梯的通行容量等[25]。相比之下，基于人类行为特征的疏散模型较少，例如对特定路径或出口的选择偏好、信息收集与判断所需时间等[20]。此外，疏散行为中的某些模式尚未得到充分研究，例如 Sime 提出的“人员风险需通过案例研究进一步实现可操作化，并与建筑平面设计相结合”[20]。

1.3.2 影响火灾响应性能的关键因素

1.3.2.1 火灾响应性能分析

(1) 火灾生存策略

建筑物内人员在火灾中主要采取三类生存策略[17]：

① 自主灭火：主动扑灭初期火源。英国78%的住宅火灾及澳大利亚75.2%的同类事件中，消防部门未接获报警[26]，说明3/4的火灾或依靠人员自主扑救，或因燃料耗尽自熄。该现象凸显了公众初期灭火行为的重要性，但相关研究仍存空白。

② 就地避难等待救援：尽管数据显示部分受灾者会选择冲进浓烟或冒险跳楼等高风险行为[19]，但针对酒店、公寓等特定建筑类型的案例分析表明，就地避难等待救援的方式能提升火场的生存概率[27]。

③ 疏散逃生：作为最常规的火场应对手段，疏散逃生的效果受建筑疏散系统设计、人员预动作时间等多重因素制约。

(2) 人员火灾生存能力分析

传统疏散能力评估只关注人员运动能力。但火灾行为学研究揭示，火灾应对能力更侧重认知决策过程，将其定义为人员感知危险信号、做出决策并实施逃生行动的综合能力。该过程可分为以下三个阶段[16]：

① 信号感知阶段：通过外部刺激(如烟雾、高温、警报)形成对危险的认知。

② 决策验证阶段：评估威胁的真实性并选择应对策略。

③ 行动实施阶段：向安全区域转移。

(3) 火场中的生存关键因素

建筑物火灾中人员是否安全疏散主要受以下三个因素影响：

① 火灾因素：包括热释放速率、烟气毒性、蔓延速度等燃烧学参数。

② 人员因素：涉及认知能力、行动能力、预培训水平等个体差异。

③ 建筑因素：涉及空间布局、疏散通道设计、消防系统配置等工程要素。

物质的燃烧伴随热和烟气的形成，建筑是人活动的封闭环境，人在火场中的反应需要从个人(人格特征)和群体(社会及情景特征)双重维度进行分析。

1.3.2.2 火灾因素

(1) 感知特征对火灾发现时间的影响

早期火灾的发现依赖于人类感官对烟雾、火焰、声音的感知能力，但不同感官的反应效果存在差异。

① 视觉与嗅觉：最直接的火灾信号是通过视觉和嗅觉感知的烟雾和火焰。嗅觉对烟雾的敏感度因材料而异，例如人可以察觉低浓度(ppm级)聚氨酯燃烧释放的苯类化合物。然而研究发现，大多数人员接收到有视觉和嗅觉刺激的火灾信号后，仍会延续当前的活动，或者会等待他人先行反应后才采取疏散行

动[18]。人们对火灾情境的不确定性是导致人员疏散延迟的一个原因[17]。

② 听觉信号：仅有 10%～15%的人群会对火警铃声立即作出反应，多数人需结合其他感官来确认危险。在嘈杂环境中人们常常把疏散警报认为是误报或演习，例如，在 2003 年的美国罗德岛车站夜总会火灾中，人群在警报响起后平均延迟 37 s 才开始疏散，部分人员甚至继续观看表演。这一现象证实了听觉信号需与其他感知线索协同才能触发人的有效响应。

③ 群体行为与决策延迟：即使人们感知到危险，50%以上的人仍会出现“观望行为”，即等待他人先行反应。1942 年波士顿椰林俱乐部火灾中，初起火灾被人们误认为是舞台特效，导致疏散延迟了两三分钟，最终 492 人因拥挤踩踏和有毒烟雾中毒丧生。

(2) 火灾增长速率和热量

火灾的增长速率可以通过基于指数增长的公式来确定，具体速率取决于燃烧物质的火灾增长系数[28]。Chang 和 Huang[28]区分了九种标准火灾曲线，每种曲线具有不同的增长速率。例如，当合成材料如聚氨酯燃烧时火灾增长速率非常快。火灾增长速率是决定火灾危险程度的重要因素，因为许多致命火灾案例的特点是火势发展迅速[19]。例如，1942 年波士顿椰林俱乐部火灾导致 492 人死亡，1986 年波多黎各杜邦广场火灾导致 83 人丧生，1998 年瑞典哥德堡舞厅火灾导致 63 人死亡，2001 年荷兰沃伦丹舞厅火灾导致 14 人丧生。另外，2003 年罗德岛火车站夜总会火灾造成 100 人死亡，火灾在 90 s 内迅速蔓延，夜总会的环境迅速变得极其危险。根据 Purser 的研究[29]，以下情况会导致人员伤亡：温度超过 120 ℃(248 ℉)，热通量超过 2.5 kW/m^2，或者氧浓度降至 12%以下。对 2003 年美国罗德岛车站夜总会火灾的模拟实验表明，在 61 s 热通量就超过了 2.5 kW/m^2，在 76 s 温度超过了 120 ℃，87 s 后氧浓度降至 12%以下。

(3) 烟气与毒性

在火灾疏散过程中，人员往往会遭遇有毒的烟气环境。许多人员在烟气下不得不改变疏散路线，甚至返回原地。火场中的烟气会导致呼吸困难、视线受限、恐惧心理等。烟气带来的视距下降以及由有毒气体引起的呼吸刺激影响了疏散过程中人员的路径选择。研究表明，在能见度有限的情况下，人员常常依靠沿墙行走来寻找方向[30]。此外，有研究还表明，暴露于火灾和烟气下的人员，其步行速度普遍比正常情况下慢[21,30]。

Jin[21]提出，熟悉建筑物逃生路线的人员，在烟雾中的最小可见度应该为

3～5 m，而对不熟悉建筑物布局的人员来说，最小可见度应长达 15～20 m。无论是否熟悉环境，烟雾中的可见度应不低于 10 m。大多数火灾致命事件由吸入烟雾和有毒气体而引起。暴露在有毒气体环境中，可能导致以下情况：

① 反应能力丧失，甚至昏迷；

② 步行速度减缓，或行为发生改变，例如选择较长的撤离路径；

③ 由于人员对危险的感知发生变化，疏散过程中产生心理限制；

④ 身体影响，如癌症、肺部损伤及免疫系统功能受损。

1.3.2.3 人员因素

建筑内人员的个体特征对其疏散行为有明显影响，主要体现在人格特质、知识经验、感知能力、决策判断能力以及行动功能水平等方面。

(1) 个体特征

首先，个体的角色定位在火灾中具有重要影响，尤其是“领导者”与“从众者”之间有明显区别。在火灾发生时，大多数人通常扮演“从众者”的角色[31]。他们初期通常不会主动对危险信号作出反应，而是依赖他人的行为来指导自己。

其次，抗压能力是个体在火灾中的关键心理特征。在火灾中，个体的心理压力往往由于信息处理能力的超负荷或面临不熟悉的情境而急剧上升。过度的心理压力可能会干扰人员的认知过程，从而影响其对危险情境的反应[32]。然而，压力水平的增加并不等同于恐慌，恐慌表现为非理性、失控且没有逻辑的行为。Quarantelli 于 1954 年首次发现，在重大灾难中并未观察到恐慌现象[33]。

再次，第三个关键个性特征是个体对自我效能的信念，即个体对于自己能否成功应对火灾等灾难性事件的信心。这一信心影响人员的决策、所付出的努力、面对障碍时的坚持时间，以及应对挑战时的情感反应。个体的动机、情感和行为更多地基于他们的信念，而非客观事实。信念被视为人员对现实的表征，主导了个人的行为和思维。在社会认知理论框架下，假设大多数人具有内在的控制系统，能够在一定程度上调控他们的思想、情感、动机和行为。这种控制基于个人的知识、情感及生物特征，同时，个体行为和环境因素的关联也会对其产生影响。

个体感知能力是指其感知危险信号的能力，包括视觉、听觉、嗅觉和触觉等感知方式。在火灾疏散过程中，判断力使个体能够通过对线索的验证来评估危险。由于疏散过程中的决策取决于个体对线索的感知与理解，因此线索验证是非常重要的过程。个体对危险的感知和理解直接决定了他们对火灾信号的反应[34]。例如,若某人认为火灾极其危险,他/她就更可能采取积极的疏散行为。然而,大多数人难以准确评估火灾的实际危险,因此,他们常常错误判断火灾发展和烟雾扩散速度,从而将自己置于危险之中。在火场中人们对周围环境的理解也非常重要。研究表明,影响疏散路线选择的并非实际逃生通道的长度,而是人们对该路线的感知[20]。例如,人们通常认为具有多个拐角且不熟悉的走廊,比直线且熟悉的逃生路线更长[35]。

最后,人的行动能力是指人在疏散过程中的运动能力。根据人员的运动能力,可以将其分为四个水平:正常行动能力、暂时性行动受限、永久性行动受限和依赖性行动能力。身体状况较差的人员属于暂时性受限移动能力群体。研究显示,在美国"9·11"事件中,面临暂时性行动受限的人员在高层建筑中的疏散遇到更大的困难[24]。此外,长期卧床或身体严重受限的人需要他人帮助,属于依赖性移动能力群体。

(2) 社会特征

社会特征包括人们之间的互动、角色职责履行的程度以及建筑物内人员的角色或责任。在紧急情况下,人们更倾向于合作,而不是单独行动[15,19]。此外,如果火灾发生时,人员之间存在较强的社会关系,例如家庭成员之间,人们往往会作为一个群体进行反应。

角色职责履行指人员在突发事件中执行岗位安全责任的响应过程。案例研究表明,建筑使用者会优先遵循与场所功能对应的岗位行为模式,例如商场员工优先引导顾客而非自行撤离[36]。这种角色导向的行为往往延长风险辨识周期,并增加了处理火灾风险信息的时间[16]。例如,人员往往倾向于在撤离之前完成手头的工作[34]。此外,在建筑物中的岗位责任人,如服务员和部门经理等,通常会在紧急情况下继续履行相应的岗位职责。

(3) 情境特征

情境特征是指在火灾中影响人员行为的外部环境因素,主要包括人员警觉水平、人员动态姿态(静止或运动状态)以及建筑场所熟悉程度。

① 人员警觉水平指的是人员对火灾信号的警觉程度,可能受镇静类药物、酒精摄入等影响,导致其处于非正常状态[37]。研究表明,许多受害者在火灾发生时正处于睡眠状态,因而错失了及时反应的机会。

② 人员动态姿态对疏散行为也具有重要影响。研究发现,站立或行走的人比躺着或坐着的人更有可能成功离开火灾现场。

③ 对建筑场所熟悉程度会影响人员对疏散路径的选择。人们更倾向选择

他们熟悉的路线进行疏散，通常是建筑的正门，而不是最近的安全出口[34]。此外，疏散路线的选择还与疏散通道及安全出口是否畅通以及建筑布局的复杂性密切相关。

1.3.2.4 建筑因素

(1) 情境特征

情境特征涵盖人员密度、路径路线辨识度、焦点效应、建筑疏散团队(building evacuation team,BET)及消防设施的实施与维护水平。

① 人员密度指建筑物内的人员数量。研究表明，高密度人员与火灾死亡率呈正相关。疏散路线选择行为是指人员在建筑内定位和选择疏散路径的能力，受空间认知水平与应急处置能力的影响。影响疏散路径选择行为的环境因素包括以下五类[38]：

- 视觉可达性；
- 建筑差异性；
- 平面布局；
- 对建筑的熟悉度；
- 疏散标识。

② 路径路线辨识度是指在建筑或空间环境中，疏散人员通过视觉、触觉或听觉线索，对逃生路线的存在性、方向性及可达性进行快速识别、理解并采取行动的综合能力。研究显示，疏散人员常忽视顶棚悬挂式逃生标识[31]，并且较少依赖这些逃生标识选择疏散路线。实验表明，顶棚悬挂式标识因烟雾遮挡(火灾初期烟雾上升)和仰视视角限制，辨识效率明显低于距地面 0.3～1.0 m 的低位荧光标识[39]。也就是说，较低位置的荧光路线标识对疏散的引导效果更好。

③ 焦点效应指人的注意力集中于特定对象(如剧院演员或教室教师)的现象。若火灾发生时焦点一直存在，观众或学生可能保持坐着的状态。

④ 建筑疏散团队(BET)由受过专业培训的建筑常驻人员组成，负责初期灭火与疏散。研究表明，训练有素的 BET 可提升疏散效率并提高紧急出口使用率[18]。

⑤ 消防设施维护是安全疏散的关键因素，但实际上安全出口的维护难以得到保证。

(2) 工程特征

建筑的工程特征决定了其火灾响应性能，主要与其布局、设施、材料、防火分隔和建筑规模相关。

① 建筑布局：包含疏散标识、逃生通道设计、安全出口及楼梯位置。研究指出，出口有效通行能力为 60 人/(m · min)，该指标取决于出口的利用效率，而非实际宽度[40]。火灾事故调查显示，在正常情况下未被使用的紧急出口，在紧急情况下也不会被使用[41]，尤其是那些被锁闭且具有“防止非正常使用”设施的出口。商场疏散实验表明，只有当安全出口的门处于打开状态时，人员才会使用这些出口。而且如果前往主入口的步行距离是前往该安全出口的两倍，该安全出口才可能被使用。例如，一所养老院发生火灾时，95%的病人通过主楼梯进行了疏散，而其他三个可用的疏散楼梯则完全没有被使用。因此，实际上人员的疏散时间比预期的时间要长[41]。

② 物理障碍：如防火防烟分区、最大疏散距离及消防安全设施。这些设施包括扶梯与电梯、火灾和疏散警报、应急照明以及自动喷水灭火系统。针对其他特定消防安全问题的设施，如排烟系统和楼梯加压系统，在火灾响应性能模型中未予考虑。研究表明，传统火灾警报（铃声/慢速哨声）往往不能引起人们的有效反应，因此很多人通常会忽略传统火灾警报。对比而言，使用了语音信息或广播指令的火灾报警系统效果更佳[42]。尽管现行规范不允许火灾时使用电梯，但研究证实电梯在超高层建筑中的使用能有效提升疏散效率[18]。如果在火场中允许使用电梯，必须确保其具备足够的消防安全性。

③ 材料性能：涉及建筑结构、装饰及家具的燃烧特性。高层建筑火灾的数据表明，楼梯中发生火灾或烟雾的概率较高。超高层办公楼疏散研究说明，建筑满员时，楼梯通行速度明显降低。在楼梯中的人员通常认为他们有优先权，通常只允许少数人加入向下的疏散队伍。以下因素对楼梯（尤其是向下疏散）的速度有重大影响：

- 楼梯尺寸；
- 楼梯中的人员密度；
- 多楼层的同时疏散；
- 人员并入下行队列；
- 交流行为；
- 使用移动设备；
- 超重人员、非常高或非常矮的疏散人员；
- 鞋具不适（高跟鞋/窄鞋）；
- 消防员逆向通行。

针对美国“9·11”事件世贸大厦的研究表明，大多数人在走楼梯时遭遇疏散困难，尤其是当疏散路线较长时；此外，人员通常对高层建筑中的楼梯并不熟悉[24]。“9·11”事件后，人们针对高层建筑楼梯的消防规定作出了修改。

1.4 国内外消防疏散进展

1.4.1 国外疏散技术进展

(1) 初期阶段(20 世纪初至 20 世纪 60 年代)

火灾疏散研究起步于 20 世纪初，该阶段由于数据匮乏和技术条件限制，研究方法主要采用观察记录、灾后调查访问等定性分析手段。20 世纪初，美国率先研究建筑设计中行人运动速度的评估问题[43]。20 世纪 30 年代，日本和苏联的学者分别开始探索多种建筑类型中的行人运动和疏散动力学问题，研究涵盖火车站、地铁站、办公楼、商场和影院等公共建筑的正常运营和疏散演习情况[44]。进入 20 世纪 50 年代，研究对象逐渐扩展至火灾中的幸存者，通过问卷调查和访谈，分析火灾中人的行为特征和群体心理，并将研究结果反馈到建筑防火设计中[27]。

(2) 发展阶段(20 世纪 70 年代至 2000 年)

20 世纪 70 年代至 2000 年，各国政府逐渐重视火灾中的人员疏散问题，并投入大量资金支持相关研究。20 世纪 80 年代，随着计算机技术的兴起，美国学者开始利用计算机技术开展火灾数值模拟研究。美国国家标准与技术研究院(NIST)开发了火灾动态模拟软件 FDS，并不断改进以适应不同火灾场景。20 世纪 90 年代，NIST 开发了 CFAST 区域模型，用于研究建筑多室火灾及烟气蔓延。

(3) 全面发展阶段(2001 年至今)

2001 年美国“9·11”事件引发全球关注，各国相继召开多次建筑安全峰会，重点研究高层建筑安全设计及人员应急疏散问题[45]。实验研究逐步超越了对日常行人运动和疏散演习的观察记录，开始采用控制实验和基于动物的群体实验[45-46]。目前，国外各大实验室和研究机构已开发出超过 60 种模拟软件，用于行人流数值分析和疏散过程模拟。借助计算机技术，研究者能够采集真实突发事件数据，结合火灾数值模拟技术对疏散行为和疏散时间进行更贴近真实状况的仿真分析。

火灾仿真技术近年来得到了快速发展，其中 Pathfinder 软件以高精度建模功能在疏散研究中占据了重要地位。该软件能够动态模拟人群在火灾中的行为，为应急预案的制定提供了数据支持。Pathfinder 的应用范围不断扩大，从单一建筑的疏散优化到多种复杂建筑的疏散模拟[47]。

1.4.2 国内疏散技术进展

（1）智能疏散系统

传统建筑中的疏散指示系统通常采用固定方向指示，难以及时根据火情变化引导人群疏散，火灾发生时可能因无法实时改变指示方向而将逃生人员引向危险区域，严重威胁被困者的生命安全。为此，有研究提出了智能疏散系统。该系统通过在建筑内部署可动态控制的应急照明和指示标志，以及火情检测传感器和中央控制平台，从而实现疏散指示的实时优化。一些研究将经典最短路径算法与智能算法相结合，用于动态疏散路径规划。例如，有学者设计了 Dijkstra＋蚁群算法的动态路径规划[48]，即先利用 Dijkstra 算法确定全局最优路径，再用蚁群优化局部节点，实现根据起火点实时调整的疏散路线。实验表明，该算法可根据火源位置动态规划疏散路径，及时改变疏散指示方向，避免将人员引入险境。李晟延等[49]则提出将启发式搜索 A＊算法与人工势场算法结合，引入奖惩机制形成混合路径规划算法，并借助 BIM（building information modeling）建模和火灾模拟 PyroSim 验证其可行性。结果显示，该算法能快速找到避开危险区域的最优疏散路径，比单一算法效率更高。

（2）火灾和人员疏散模拟

目前，大多数学者借助火灾动力学模拟软件预测火场温度、烟气、有毒气体和能见度等环境变化，从而为疏散安全评价提供量化依据。谢明峰等[50]对高校教学楼进行了火灾与疏散耦合模拟研究，通过利用 PyroSim 和 FDS 模拟火灾场景以确定安全疏散可用时间（ASET），再用 Pathfinder 模拟人员疏散确定所需疏散时间（RSET），找出了疏散过程中走廊和楼梯的拥堵瓶颈。通过调整安全出口数量和位置、增设疏散路线等改进措施进行二次模拟，结果表明，对于走廊式多层教学楼，在适当位置新增出口比加宽走道更有效。张蒙[51]通过 Revit 构建 19 层高层建筑模型，结合 PyroSim 火灾模拟与 Pathfinder 疏散仿真，精确量化高温（65 ℃）、CO 浓度（1 600 ppm）、能见度（4 m）的临界阈值，使疏散时间预测误差控制在 5％以内。

将火灾模拟与疏散模拟相结合的性能化评估方法已成为校园建筑消防设

计的重要手段之一。一方面,引入建筑信息模型(BIM)能辅助搭建复杂建筑的火灾疏散模型,提高了模拟精度和效率;另一方面,多场耦合模拟开始兴起,如考虑火灾热辐射对疏散路径可行性的影响[52]。由于火灾和人群疏散的真实全尺度试验成本高且存在危险,因此模拟仿真在未来将是火灾疏散研究的主流。

(3) 人员疏散行为分析

近年来国内大量实验和模型深入研究了人的疏散行为。王立晓等[53]通过问卷调查和结构方程模型分析了图书馆火灾中疏散决策的心理因素。结果表明,恐慌心理会正向激发从众和惯性行为并提升利他倾向,而环境熟悉度可减缓不适应行为、增强利他行为,女性的风险感知和利他心理显著更高。这类研究揭示了群体疏散中的心理动力学,为构建更真实的行为模型提供了依据。实地演练和模拟实验行为参数也从另一方面提供了数据支撑。Yao 等[54]在大连某三层幼儿园进行了儿童疏散演习,测得 4～6 岁儿童在楼梯上的平均速度仅 0.55 m/s,水平通道上约 0.87 m/s,且不同年龄段儿童在楼梯间入口和出口处聚集造成的密度和流率高于成年人,说明儿童疏散速度慢且易在狭窄处形成拥堵。陈子欣等[55]开展了包含视障、听障、肢体残障等多类型残疾人的混合人群疏散实验,发现疏散时间最短的是肢体残疾人,最慢的是听力和视力残疾人,并且增加视障人员比例会显著延长整体疏散时间。这些实证研究促使疏散模型逐渐考虑不同人群特性,如在社会力模型和元胞自动机中加入老人、儿童、残障者的行为参数,以及慌乱、互助等效应[56]。当前研究热点包括群体心理与决策机理、特殊人群疏散特性、群集行为与拥堵机理等。

1.5 高校建筑火灾疏散研究的不足与展望

1.5.1 高校建筑火灾疏散研究的不足

(1) 技术方面

高校建筑疏散研究尚未充分发展动态优化模型。现有研究多集中于单一建筑的疏散仿真,而未深入探讨校园建筑群整体联动疏散的特性。这种局限性导致在多建筑协调、路径优化和资源分配方面的研究深度不足。此外,高校学生作为疏散的主要人群,其从众心理、反应延迟等行为特征在现有模型中未得到充分建模,使得模型的预测能力和适用性较弱[57]。

(2) 管理方面

高校火灾疏散预案的设计更多依赖经验判断，缺乏基于仿真数据的科学验证。尤其是在动态应急情境中，传统的静态疏散方案难以适应不断变化的现场需求。此外，疏散演练的覆盖范围有限，多数高校仅针对特定建筑和部分人员开展演练，未能形成全覆盖、系统化的培训体系，制约了学生应急能力的培养和疏散效率的提升[58]。

(3) 标准不足

国内现行的建筑疏散规范在针对高校建筑特殊需求方面指导性不足。尽管《建筑防火通用规范》(GB 55037—2022)对大多数建筑类型提供了技术支持，但未充分考虑校园建筑群的多功能特性和特殊疏散需求，高校建筑疏散设计缺乏针对性技术条款的支撑[59]。

1.5.2 高校建筑火灾疏散研究的展望

(1) 模拟方向

高校建筑火灾疏散研究需要充分利用先进的仿真技术，以更科学地模拟复杂场景下的人员疏散行为。通过引入基于 PyroSim 和 Pathfinder 的动态建模技术，可以精确预测烟雾扩散、能见度变化和火灾对疏散路径的影响。例如，有研究通过模拟高校宿舍楼的火灾情景，分析了烟雾对疏散楼梯通行性的影响，提出增加疏散出口数量能够明显提升疏散效率[60]。

此外，结合建筑信息模型(BIM)，可以实现更直观的三维动态疏散模拟。通过 BIM 模型与仿真软件的联动，能够细化分析高校建筑内部的疏散路径利用率和瓶颈区域。例如，在大学图书馆的疏散研究中，优化后的路径规划使疏散时间缩短了 13.67%，这为复杂建筑的疏散设计提供了可操作的参考[61]。

同时，为提升模拟结果的实时性和适应性，未来可以探索多智能体系统和人工智能技术在疏散仿真中的应用。例如，利用动态数据输入和人工智能算法优化疏散路径规划，能够适应高校建筑群中的动态人流分布和复杂场景变化[62]。

(2) 政策方向

政策层面应进一步完善国内的消防疏散标准，并针对高校建筑的特殊需求制定专门的技术条款。现有标准多聚焦于单一建筑的疏散设计，未能充分考虑高校建筑群这一多功能场景的复杂性。可以借鉴国际标准，例如将建筑群整体协调疏散路径设计纳入规范，并明确不同建筑类型(如教学楼、宿舍楼、实验室)

在火灾情景下的联动疏散要求[63]。

同时，应推动智慧消防技术在高校场景的全面应用。通过在高校建筑中部署实时监测设备和智能疏散指引系统，可以提升火灾疏散效率。例如，在某高校图书馆的疏散研究中，通过增加广播提示和标志牌，疏散效率提升了近15%[61]。此外，政策应支持基于仿真结果优化疏散演练，并加强相关法律法规的执行力，以确保疏散方案的科学性和实用性[60]。

2 国内疏散标准与规范

2.1 《建筑设计防火规范》概述

2.1.1 演进与历史沿革

《建筑设计防火规范》作为我国建筑领域重要的防火设计标准，经历了多次修订与完善，为建筑防火安全提供了有力的技术保障[64]。该规范自 1954 年首次发布以来，随着建筑规模、结构复杂性和火灾防控需求的增加，其内容逐渐丰富与细化，涵盖了建筑设计、施工、使用等各个环节。其发展变化见表 2-1。

表 2-1 《建筑设计防火规范》历次修订情况汇总

年份	标准/规范名称	主要内容	影响
1954 年	建筑设计防火规范（第一版）	设立了基本的建筑防火要求，包括初步的疏散路线和安全出口要求	为我国建筑防火设计提供了基础框架，标志着建筑防火和疏散标准的起步
1974 年	建筑防火设计规范（TJ 16—74）	扩展了防火隔断、疏散路线设计，并规定了安全出口的宽度和数量	规范了建筑的防火隔断与疏散系统，提升了建筑在火灾情况下的安全性
1987 年	建筑设计防火规范（GBJ 16—87）	对高层建筑及多层建筑的防火要求进行了区分，提出了高层建筑的疏散问题	明确了高层建筑的防火与疏散要求，为日后高层建筑的设计提供了依据
2006 年	建筑设计防火规范（GB 50016—2006）	对多用途建筑、地下建筑以及高层建筑的防火与疏散做出详细规定	更新了高层建筑和地下建筑的防火标准，强调疏散楼梯、疏散门等疏散设施的重要性

表 2-1(续)

年份	标准/规范名称	主要内容	影响
2014 年	建筑设计防火规范 (GB 50016—2014)	修订和整合了先前的相关规范,新增了对高层建筑、公共建筑的疏散要求	加强了疏散楼梯、消防电梯及疏散指示标志等设施的设置要求,进一步完善了疏散设计规范
2018 年	建筑设计防火规范 (GB 50016—2014,2018 年版)	规定了建筑的防火分区、疏散路线、消防设施等要求	为高层建筑、复杂建筑提供了更加细化的防火与疏散标准

(1) 初创阶段(1954—1986 年)

《建筑设计防火规范》的历史可以追溯到 1954 年,当时我国发布了第一版《建筑设计防火规范》。这一版规范设立了基本的建筑防火要求,明确了建筑物在设计过程中必须考虑到防火隔断、疏散路线、安全出口等基本要素。这一时期的规范主要关注建筑防火的基础设施建设,为我国建筑防火设计提供了框架和方向,也为日后建筑防火和疏散标准的发展奠定了基础。

到了 1974 年,建筑行业的发展逐渐迫切要求更为细化和专业化的防火设计要求,于是《建筑防火设计规范》(TJ 16—74)发布。这一版规范在原有基础上扩展了防火隔断、疏散路线的设计,并且明确规定了安全出口的宽度和数量。TJ 16—74 的推出进一步提升了建筑防火系统的科学性和实用性,加强了建筑防火与疏散设计的系统性。

(2) 高层建筑与特殊建筑的疏散问题(1987—2013 年)

1987 年,随着高层建筑的兴起和多层建筑的普及,《建筑设计防火规范》(GBJ 16—87)对建筑设计中的防火问题进行了进一步区分和细化。该版本规范特别提出了对高层建筑和多层建筑的不同防火要求,尤其是在疏散问题的处理方面。高层建筑的防火要求变得更加明确,包括高层建筑疏散通道、避难层设置等要求,同时也涉及更为复杂的消防设施配置。这一版本为高层建筑的设计提供了具体指导,并促使设计人员在高层建筑的防火设计中考虑到更多实际问题。

2006 年发布的《建筑设计防火规范》(GB 50016—2006)对防火设计进行了大规模的修订和完善。该版本不仅对高层建筑的防火设计提出了更多详细要求,还特别关注了多用途建筑、地下建筑以及大型商业设施等复杂建筑类型的防火与疏散设计。在这一版本中,增加了对疏散楼梯、疏散门、火灾报警系统等设施的规定,突出了建筑在发生火灾时如何保障人员安全疏散的功能要求。这一版本的发布,加强了对建筑中消防设施的设计要求,并为建筑防火的实践提供了更为全面的依据。

(3) 现代化与国际化的推进(2014 年至今)

2014 年发布的《建筑设计防火规范》(GB 50016—2014)是该规范系列中的一个重要版本[65]。相较于 2006 年版,该版本在多个方面进行了更新与优化,特别是对高层建筑、公共建筑等类型建筑的疏散要求进行了修订和补充。2018 年版又对规范做了细化与优化,特别是在建筑防火分区、疏散路线、消防设施等要求上进行了进一步明确,还新增内容强调了高层建筑、复杂建筑及特殊建筑类型的疏散需求,同时对消防电梯、避难层、疏散门设置等细节进行了更为严格的要求[66]。此版本的发布标志着我国建筑防火设计标准进入了更加严格、细致的阶段,进一步提高了建筑防火与疏散设计的科学性与合理性。

与此同时,2014 年及之后的版本更加注重与国际标准的接轨。例如,2014 年版规范参考了国外一些先进的消防设计标准,借鉴了国际上的先进防火设计理念,进一步提升了我国建筑设计防火规范的技术性和现代性。这使我国不仅在建筑的规划设计中加强了防火措施,也进一步推动了我国建筑行业的国际化与标准化进程。

2.1.2 GB 50016—2014(2018 年版)在高校建筑安全疏散中的适用性分析

《建筑设计防火规范》(GB 50016—2014,2018 年版)未对高校建筑提供专门的章节规定。然而,规范中为各类建筑提供的防火安全设计要求具有普适性,适用于不同功能和用途的建筑。在高校建筑的消防设计中,可以通过结合其使用性质、建筑高度、楼层数、人员密度等特点,推导出适用的防火与疏散设计要求。虽然规范未对高校建筑作出单独规定,但其中涉及高校建筑的部分条款分布在各个章节,相关条款如表 2-2 所列。

(1) 高校建筑的复杂性与规范的局限性

尽管《建筑设计防火规范》(GB 50016—2014,2018 年版)提出了基本的防火要求,但其基于“处方式”规范体系,难以完全覆盖高校建筑的复杂需求。例如,高校实验楼通常同时具备科研实验室、教学空间、设备机房等多重功能,其火灾荷载、可燃物类型(如化学试剂、电气设备)远超普通公共建筑[67]。规范中对防火分区面积、疏散距离的普适性条款,未考虑实验室内危险源动态分布对烟气扩散路径的影响,可能导致防火分隔失效[68]。

表 2-2 《建筑设计防火规范》(GB 50016—2014,2018 年版)中涉及高校建筑安全疏散的条文

类别	具体要求	适用场所/条件	涉及条文
人员密度计算	人员密度≥0.75 人/m^2	展览厅	表 5.5.21-1
	按建筑面积计算疏散人数	食堂	表 5.5.21-1
楼梯类型	至少采用封闭楼梯间(与敞开式外廊直接相连的除外)	图书馆、展览建筑	5.5.13 条
疏散门数量	建筑面积不大于 75 m^2 的房间可设置 1 个疏散门	教学建筑	5.5.15 条
	观众厅或多功能厅疏散门的数量应经计算确定且不应少于 2 个,并应符合相关规定	礼堂和体育馆	5.5.16 条
房间疏散门至最近安全出口的直线距离	耐火等级为一、二级时,单层/多层≤35 m;高层建筑≤30 m	教学建筑	表 5.5.17
疏散走道的净宽度	观众厅内疏散走道的净宽度应按每 100 人不小于 0.60 m 计算,且不应小于 1.00 m;边走道的净宽度不宜小于 0.80 m	体育馆	5.5.20 条
照明设置	地面上增设能保持视觉连续的灯光疏散指示标志或蓄光疏散指示标志	总建筑面积>8 000 m^2 的展览建筑	10.3.6 条

此外,中庭式教学楼因其视觉连通性需求,常突破规范对防火分区的限制。然而,烟气蔓延模拟显示,这种设计下的能见度下降速度比规范假设的要快30%~40%,直接影响可用的疏散时间[69]。规范中的普适性条款未能充分考虑此类复杂场景下的特殊火灾风险,造成了在火灾初期的疏散难度增大。

(2) 高校建筑疏散设计的适配性不足

高校建筑的人员密度存在时空差异性。宿舍区在夜间人员集中,教学区在白天流动性较大,实验室则可能存在实验周期内人员滞留的现象[70]。例如,研究显示教学区日间瞬时人流密度可达 2.3 人/m^2,而夜间实验室滞留人员可能仅 0.2 人/m^2[71]。规范中的"每百人疏散宽度"指标未能细化针对这些动态变化的特征,导致在某些高峰时段,疏散通道可能会出现超载问题。例如,某高校实验楼仿真模拟结果显示,在火灾发生时,B 楼梯口的安全裕度仅为 25.7 s,通过增设疏散出口并调整导向标识后才能达标[67]。

(3) 特殊区域的消防设计缺陷

在高校的实验室区域，尤其是化学实验室，易燃易爆物质存储、通风系统与电气设备的交织，形成了多重引火源。现行规范对于危险化学品柜的防火隔离要求不足，且未对实验台防火材料的耐火极限进行规定，导致这些区域的火灾荷载密度远高于普通教室[72]。有 BIM 模拟表明，在实验楼火灾初期，CO 浓度增速较普通办公建筑快 60%[68]。因此，必须针对实验室区域强化排烟系统的冗余度，以应对火灾初期的浓烟快速扩散。

在高校宿舍区域，存在违规电器使用、疏散通道占用等问题，其火灾风险权重中“人员心理决策能力”占比高达 22.3%，明显高于其他区域[13,73]。研究发现，夜间疏散时，人员反应时间普遍延长 40%～60%，但现行规范未对宿舍区疏散照明与声光警报的联动策略作出特殊规定[73]。

2.2 《建筑防火通用规范》概述

我国建筑行业在近年来经历了快速增长，随着城市化的不断推进，各类高层建筑、公共建筑、商业建筑等不断增加。新型建筑类型的复杂性，尤其是在功能布局、建筑高度和结构设计等方面，给火灾防控带来了更大的挑战。传统的建筑防火规范虽然为建筑设计提供了基础框架，但随着建筑类型和功能需求的多样化，在处理现代建筑火灾防控需求时暴露出了一定的局限性。《建筑防火通用规范》(GB 55037—2022)自 2023 年 6 月 1 日起实施，正是针对上述问题，为我国建筑防火工作提供了更为全面、系统的技术指导，确保建筑从设计、施工到使用的每个阶段都能够做到防火安全[74]。

2.2.1 发布背景和目的

《建筑防火通用规范》(GB 55037—2022)是我国建筑消防领域的一部强制性工程建设规范，属于建筑技术法规体系的一部分。它的法律地位介于国家法律与技术标准之间，起到了连接和落实法律法规的重要作用。作为技术法规，它依据国家法律，如《中华人民共和国消防法》和《中华人民共和国建筑法》等详细规定了建筑防火的功能、性能要求及关键技术措施。其主要目标可以概括为以下几点：

(1) 提升建筑火灾防控能力。该规范的出台旨在提高建筑物的火灾防控能力，通过对防火设计细节的全面要求和更高标准的消防设施配置，提高建筑在火灾发生时能够及时有效应对并控制火灾蔓延的能力，最大限度保障建筑内人员的生命安全和财产安全。

(2) 实现建筑全生命周期防火措施的统一。旧的建筑防火规范多聚焦于建筑设计阶段，而《建筑防火通用规范》(GB 55037—2022)则强调建筑全生命周期的防火管理。该规范明确了建筑从设计、施工、使用到后期维护各个阶段的防火要求，确保建筑在整个使用过程中始终符合防火要求，通过全生命周期管理，提升了建筑的综合防火能力，确保火灾防控措施在任何阶段都不失效。

(3) 提升建筑防火技术要求。《建筑防火通用规范》(GB 55037—2022)通过引入最新的防火技术要求，提升了建筑防火设计的技术水平。例如，对建筑材料的耐火性能、消防设施的配置、排烟系统的设计等方面都作出了更加明确和先进的技术要求，从而确保建筑在面对不同火灾场景时具备更高的抗火能力。

(4) 国际标准接轨。作为一部现代化的防火设计规范，《建筑防火通用规范》(GB 55037—2022)不仅继承了国内的消防设计经验，还借鉴了国际先进的防火标准与技术要求，尤其是在高层建筑、超高层建筑和复杂功能建筑的防火设计方面，与国际标准保持一致。通过与国际标准的对接，为我国建筑行业的国际化发展提供了支持，并确保我国的建筑防火技术与全球领先水平同步。

2.2.2　与《建筑设计防火规范》的比较分析

(1) 法律地位

《建筑防火通用规范》(GB 55037—2022)为强制性规范，具有法律效力。根据《中华人民共和国标准化法》和相关法规，这部规范在建筑防火领域具有强制执行的要求。GB 55037—2022 执行后，《建筑设计防火规范》(GB 50016—2014，2018 年版)变成推荐性内容，虽然其内容被广泛采纳并作为指导性文件，但并不具备强制性要求。二者的法律地位见图 2-1。

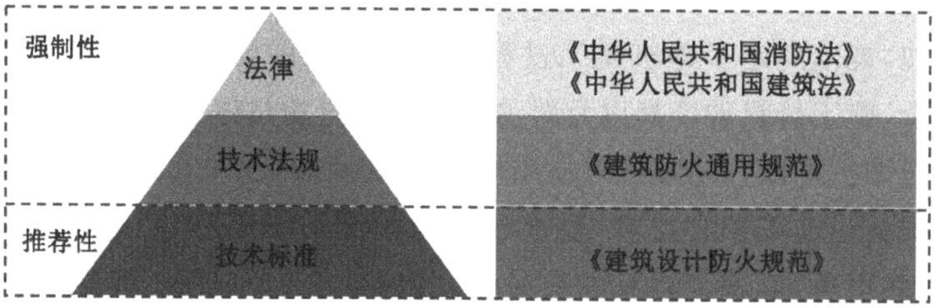

图 2-1　《建筑防火通用规范》的法律地位

(2) 覆盖范围

《建筑防火通用规范》(GB 55037—2022)在覆盖范围上进行了扩展。它不仅对建筑设计阶段进行了详细规定,还包括了施工、使用、维护等后期阶段的防火要求。相比之下,《建筑设计防火规范》(GB 50016—2014,2018 年版)主要聚焦在建筑设计阶段,特别是防火分区、疏散设计、耐火等级等方面。

(3) 技术要求

《建筑防火通用规范》(GB 55037—2022)相较于《建筑设计防火规范》(GB 50016—2014,2018 年版)有了明显的技术提升与细化。该规范不仅对传统的防火技术要求进行了加强,还引入了更多现代化的技术标准,尤其是在高层建筑、地下建筑等复杂建筑类型中的应用。

在防火设施要求方面,《建筑设计防火规范》(GB 50016—2014)主要规定了灭火器、消火栓、火灾报警系统等基础设施的设置要求,而《建筑防火通用规范》(GB 55037—2022)则进一步补充了现代建筑所需的消防设施,包括消防电梯、排烟系统、消防通信系统等,特别是高层建筑中对于消防电梯的载重、耐火等级等提出了更加严格的要求。在建筑功能与火灾危险性方面,《建筑防火通用规范》(GB 55037—2022)对建筑功能区的划分、火灾危险性评估等提出了更为详细的规定,特别是对公共建筑、大型商场和高层建筑等的防火分区作出了更细致的技术要求。

(4) 实施与执行

对设计阶段,《建筑防火通用规范》(GB 55037—2022)延续了《建筑设计防火规范》(GB 50016—2014,2018 年版)的框架,确保建筑的防火分区、疏散设计等基本要求得到充分实施。此外,还要求设计人员在规划和设计时,要考虑到建筑的全生命周期,特别是在防火设施的布置和结构设计中,提前考虑到后期维护和检查的方便性。

对施工阶段,《建筑防火通用规范》(GB 55037—2022)对防火措施提出了明确要求。例如,规范规定了建筑施工过程中必须采取的防火措施,包括施工现场的防火安全、施工材料的选择以及对消防设备配置的具体要求。

对使用与维护阶段,《建筑防火通用规范》(GB 55037—2022)特别强调了建筑使用后的防火设施维护和检查,要求建筑物在投入使用后,消防设施必须定期检查、维护和更新,以保证其长期有效性,并明确规定了设施检查的频率、具体操作以及设施的更换标准。与《建筑设计防火规范》(GB 50016—2014,2018 年版)仅关注设计阶段的要求相比,GB 55037—2022 提供了更具体的操作细节和长期维护的指导，从而确保建筑在整个生命周期内保持高效的防火能力。

两个规范的整体比较分析见表 2-3。

表 2-3 《建筑设计防火规范》与《建筑防火通用规范》整体比较分析

领域	《建筑设计防火规范》（GB 50016—2014，2018 年版）	《建筑防火通用规范》（GB 55037—2022）
法律地位	技术标准，广泛采用但无强制性要求	强制性规范，必须严格执行
覆盖范围	主要集中在设计阶段，涉及防火分区、疏散设计等	涵盖建筑全生命周期，包括设计、施工、使用、维护及拆除阶段
防火分区设计	规定防火分区的基本要求，依据建筑物的规模、功能等划分	更细化的防火分区管理，特别是高火灾危险性建筑的防火要求，要求加强防火分区的实施和管理
消防设施设计	规定灭火器、消火栓、火灾报警器等基础设施要求，明确设置的数量和位置	详细规定消防电梯、排烟系统、灭火器、自动喷水灭火系统等设施的设置要求
疏散设计	强调疏散通道、出口、楼梯等设置要求，确保人员疏散顺畅	进一步细化疏散设计，提出疏散时间、疏散指示系统、消防电梯等设施要求
施工阶段要求	不涉及施工阶段的具体要求	规定了施工阶段的防火措施，包括施工现场的消防安全、材料选择、施工质量等
使用与维护要求	主要关注设计阶段的防火要求，未对使用阶段的防火设施进行规定	强调建筑使用阶段的消防设施维护与检查，确保消防设施始终处于有效工作状态
消防救援设施	基本要求消防设施设置	强化消防车道、消防电梯、消防救援口等设施的设置要求，明确功能与技术标准
既有建筑改造	不涉及既有建筑的改造防火要求	明确规定了既有建筑改造的防火标准和原则，尤其是防火分区、消防设施等方面的改造要求
防火间距	规定建筑之间、建筑与消防设施之间的最小防火间距要求	进一步强化了建筑之间、防火隔墙与其他建筑物之间的防火间距标准，特别是在高层建筑中的应用
应急管理	基本规定了火灾应急响应系统及紧急疏散流程	详细规定了应急响应系统的设置，尤其是针对复杂建筑类型的应急疏散流程、指示系统等

2.2.3 安全疏散条款解读

《建筑设计防火规范》(GB 50016—2014,2018 年版)着重强调性能化设计和底线要求,旨在通过设定功能目标和性能要求为建筑防火设计划定安全底线,同时为技术创新提供空间。然而,这一灵活性也可能导致安全疏散的条款显得较为"宽松"。与《建筑防火通用规范》(GB 55037—2022)相比,两者在具体条款上有所差异。例如,依《建筑防火通用规范》(GB 55037—2022)第 7.1.4 条规定,疏散出口门净宽度不应小于 0.80 m、首层疏散外门的净宽度不应小于 1.1 m、住宅建筑中直通室外地面的住宅户门的净宽度不应小于 0.80 m,而《建筑设计防火规范》(GB 50016—2014,2018 年版)的要求为"除本规范另有规定外,公共建筑内疏散门和安全出口的净宽度不应小于 0.90 m"。具体的条款比较见表 2-4。

表 2-4 《建筑设计防火规范》与《建筑防火通用规范》安全疏散条文对比分析

条款内容	《建筑防火通用规范》(GB 55037—2022)	《建筑设计防火规范》(GB 50016—2014,2018 年版)
疏散出口门(疏散门)	7.1.4 疏散出口门、室外疏散楼梯的净宽度均不应小于 0.80 m;住宅建筑中直通室外地面的住宅户门的净宽度不应小于 0.80 m	5.5.18 除本规范另有规定外,公共建筑内疏散门和安全出口的净宽度不应小于 0.90 m
疏散走道、疏散楼梯	7.1.4 疏散走道、首层疏散外门、公共建筑中的室内疏散楼梯的净宽度均不应小于 1.1 m	5.5.18 除本规范另有规定外,疏散走道和疏散楼梯的净宽度不应小于 1.10 m
疏散通道、疏散走道、疏散出口的净高度	7.1.5 疏散通道、疏散走道、疏散出口的净高度均不应小于 2.1 m。疏散走道在防火分区分隔处应设置疏散门	未提及

(1) 国际标准对接与技术适应性调整

《建筑防火通用规范》(GB 55037—2022)的修订反映了对国际消防工程技术成果的系统性吸收。编制组通过对比英国、美国、加拿大、日本、澳大利亚、新西兰等国家的建筑技术法规,确保本规范与国际标准保持一致。尤其是在高层建筑、超高层建筑及复杂功能建筑的防火设计方面,本规范与这些国家的标准接轨,确保了全球先进标准的对接。

研究表明,疏散时间随宽度增加呈递减趋势,但 0.80 m 至 0.90 m 的差异对整体效率影响较小。例如，走道宽度从 0.70 m 增至 1.50 m 时，疏散时间从 2 800 s降至 400 s，但 0.80 m 与 0.90 m 的差值区间内时间变化平缓[75]。门宽对通行效率的影响存在临界阈值。当门宽超过 1.40 cm 时，疏散时间缩短效应明显减弱；而低于 0.80 cm 时，拥堵概率呈指数级上升[76]。研究发现，在总疏散宽度相同的情况下，分散设置多个较窄出口（如 0.80 m）与少数宽出口（如 0.90 m）的疏散效率差异较小[77]。因此，GB 55037—2022 在单个出口宽度上适当放宽了要求，但要求必须确保总宽度达到标准，从而保证整体的疏散效率。

（2）规范体系的整合与技术优化

虽然《建筑防火通用规范》（GB 55037—2022）在疏散通道的宽度要求上有所放宽，但通过其他条款确保了整体的安全性。例如，它强化了疏散通道的高度要求（≥2.1 m）、指示标志、防火门自动释放等配套措施，以弥补宽度调整可能带来的安全风险。此外，GB 55037—2022 还强化了高层建筑中消防电梯、排烟系统等设施的要求，确保即使在放宽宽度要求的情况下，建筑的整体防火性能和疏散效率依然可以得以保证。

（3）经济性与创新平衡

《建筑设计防火规范》（GB 50016—2014，2018 年版）中的严格标准可能导致中小型建筑的成本过高，而《建筑防火通用规范》（GB 55037—2022）通过分类管理（如区分住宅与公共建筑）和底线控制，在保障安全的前提下减少了过度设计。例如，住宅建筑在满足户门耐火完整性的条件下，可以简化出口设置。这种调整在不降低安全性能的基础上，有效降低了成本，并为技术创新提供了空间。

2.3 学校建筑消防规范解析与展望

我国建筑消防规范体系经过 2016 年以来的系统性改革，已形成由法律、行政法规、部门规章中的技术性规定与全文强制性的工程建设规范构成的技术法规系列[74]。其中，《建筑防火通用规范》（GB 55037—2022）与《消防设施通用规范》（GB 55036—2023）构成基础性技术法规，替代了原有部分国家标准中的强制性条文，确立了建筑防火的“功能-性能”双控底线。行业标准（如 JGJ 系列）及地方标准（如 DB32/T 4444—2023）则作为补充性技术文件，在满足基础规范的前提下，针对特定建筑类型或区域需求进行细化。

2.3.1 学校建筑消防规范的应用

我国现行的学校相关的建筑消防规范体系涵盖了从建筑设计、施工、验收到设施管理各个层面，基本形成了较为完善的框架，见表 2-5。

表 2-5 国内学校建筑消防规范和标准统计

序号	标准名称	类别	标准等级	备注说明
1	建筑防火通用规范 GB 55037—2022	基础规范	国家标准	替代 32 部旧标准，明确耐火等级、疏散宽度等基础要求；实施日期 2023 年 6 月 1 日
2	消防设施通用规范 GB 55036—2023	基础规范	国家标准	替代 19 部旧标准的强制性条款，统一消防设施设计/施工/验收要求；实施日期 2023 年 3 月 1 日
3	建筑设计防火规范 GB 50016—2014，2018 年版	技术规范	国家标准	非强制性条款可参考，强制性条款由 GB 55037—2022 替代
4	汽车库、修车库、停车场设计防火规范 GB 50067—2014	专项规范	国家标准	部分废止（结合 GB 55037—2022 执行），原强制性条款失效
5	自动喷水灭火系统设计规范 GB 50084—2017	消防设施	国家标准	部分废止（如第 5.0.1 条等被 GB 55036—2023 覆盖），需按通用规范调整喷水强度
6	建筑灭火器配置设计规范 GB 50140—2005	消防设施	国家标准	部分条款被 GB 55036—2023 废止，新增 B 类火灾配置要求，实验室、宿舍需按此标准计算灭火器数量
7	气体灭火系统施工及验收规范 GB 50263—2007	施工验收	国家标准	需符合 GB 55036—2023 的通用安全要求
8	气体灭火系统设计规范 GB 50370—2005	消防设施	国家标准	部分废止（如第 3.1.4 条等被 GB 55036—2023 替代），强制性条款失效
9	中小学校设计规范 GB 50099—2011	教育建筑	国家标准	
10	办公建筑设计标准 JGJ/T 67—2019	公共建筑	行业标准	
11	宿舍建筑设计规范 JGJ 36—2016	居住建筑	行业标准	

表 2-5(续)

序号	标准名称	类别	标准等级	备注说明
12	单位消防安全管理规范 DB32/T 4444—2023	安全管理	地方标准	
13	饮食建筑设计标准 JGJ 64—2017	公共建筑	行业标准	
14	科研建筑设计标准 JGJ 91—2019	科研建筑	行业标准	
15	图书馆建筑设计规范 JGJ 38—2015	公共建筑	行业标准	
16	体育建筑设计规范 JGJ 31—2003	公共建筑	行业标准	

(1) 基础规范的统领作用

《建筑防火通用规范》(GB 55037—2022)明确将学校建筑中的教学楼、图书馆、食堂等场所列为“人员密集场所”,并对其耐火等级、疏散设施提出了要求。例如,学校建筑的耐火等级不低于二级,疏散宽度、通道及门的数量需根据建筑高度和使用人数做动态适配。

(2) 专项规范的技术深化

《建筑防火通用规范》(GB 55037—2022)具有强制性效力,适用于新建、改建和扩建的建筑,涵盖所有民用及工业建筑(特殊爆炸物建筑除外)。相比之下,《中小学校设计规范》(GB 50099—2011)虽然也是国家标准,但属于专项建筑规范,专门用于指导中小学校的规划与设计,其适用范围更为限定。

例如,在《中小学校设计规范》(GB 50099—2011)第 8.2.4 条中,明确规定房间疏散门净通行宽度应≥0.90 m[78]。而《建筑防火通用规范》(GB 55037—2022)要求疏散出口门净宽度不应小于 0.80 m。考虑到中小学校作为人员密集场所,疏散门的宽度要求应满足更高标准,以适应学生群体疏散时的特殊需求。因此,按照专项规范优先适用原则,设计应采取更严格的 0.90 m 作为标准。在实际设计中,应分层适用规范要求。对于所有建筑,均需满足《建筑防火通用规范》(GB 55037—2022)中设定的 0.80 m 净宽度底线要求。在设计实践中,对于中小学校可直接采用 0.90 m 的净宽度设计。

(3) 行业标准的协同应用

不同功能区域的建筑应当满足行业标准中的多个规范，才能形成完整的消防安全体系。例如，科研实验室需要同时满足《科研建筑设计标准》(JGJ 91—2019)的防爆通风要求与《建筑防火通用规范》(GB 55037—2022)的结构耐火要求，确保学校中具有高火灾风险的区域能够充分应对突发火灾，避免灾难性后果。《办公建筑设计标准》(JGJ/T 67—2019)作为行业标准，其效力层级低于国家标准。

在不同规范内容冲突时，国家标准优先适用。例如，《办公建筑设计标准》(JGJ/T 67—2019)第 4.1.7 条规定，办公用房的门洞口宽度应≥1.00 m[79]，而《建筑防火通用规范》(GB 55037—2022)要求疏散出口门净宽度≥0.80 m。由于“门洞口宽度”包括门框宽度，实际的净通行宽度可能会低于洞口宽度，因此在设计时，需确保门洞口宽度为 1.00 m 时，净通行宽度仍不低于 0.80 m，若存在差异，应调整门框设计或扩大门洞口宽度，确保符合国家标准。对于办公楼，在按 1.00 m 洞口宽度设计时，需确保扣除门框后实际净宽度不低于 0.80 m；若无法满足，应调整门框或采用更宽的洞口。同时，建议主管部门发布技术解释文件，明确“净通行宽度”与“洞口宽度”的换算关系，以减少设计中的冲突，并在修订专项规范时与《建筑防火通用规范》(GB 55037—2022)协调，确保技术指标的统一性。

几条标准对于疏散门净宽度要求的对比见表 2-6。

表 2-6 《建筑防火通用规范》与其他(标准)中疏散门净宽度要求的对比分析

规范或标准名称	条款内容	效力层级
建筑防火通用规范 GB 55037—2022	7.1.4　疏散出口门、室外疏散楼梯的净宽度不应小于 0.80 m；住宅建筑中直通室外地面的住宅户门的净宽度不应小于 0.80 m	强制性
中小学校设计规范 GB 50099—2011	8.2.4　房间疏散门开启后，每樘门净通行宽度不应小于 0.90 m	强制性 (专项建筑规范)
办公建筑设计标准 JGJ/T 67—2019	4.1.7　办公用房的门洞口宽度不应小于 1.00 m(此宽度包括门框宽度)	行业标准

(4) 地方标准的补充作用

地方性规范为学校建筑提供了更为细化的消防安全要求。例如，江苏省的《单位消防安全管理规范》(DB32/T 4444—2023)明确了学校的实验室、宿舍、图书馆、承担国家重点科研项目或配备有先进精密仪器设备的部位等处为消防安全重点部位。在实际应用中，这些地方标准补充了国家标准中的不足，并根据地方特有的火灾风险调整了相应的要求。

(5) 与地方指导文件的冲突分析

在地方条文与《建筑防火通用规范》(GB 55037—2022)发生冲突时，设计单位应优先遵守国家标准。例如，浙江省地方条文规定“疏散通道、疏散走道上局部突出物的净高可按《民用通规》第 3.2.7 条(≥2.0 m)执行”，而《建筑防火通用规范》(GB 55037—2022)明确要求净高不低于 2.1 m。设计单位应严格遵守国家标准，并在设计过程中向地方消防审查部门申请书面确认，确保其合理性。地方消防审查部门的书面意见应保留在设计档案中，作为日后验收和法律审查的依据。如一些地方指导文件与《建筑防火通用规范》(GB 55037—2022)关于疏散通道净高的差异如表 2-7 所列。

表 2-7 地方指导文件与《建筑防火通用规范》的差异及冲突分析

技术性指导文件/指南	条文内容	是否符合《建筑防火通用规范》
《〈浙江省消防技术规范难点问题操作技术指南(2020 版)〉部分条文执行问题的专家意见(2023 年版)》第八条[80]	1. 疏散通道、疏散走道上局部设置的挡烟垂壁、梁等突出物部位净高确有困难处，可按《民用通规》第 3.2.7 条(≥2.0 m)执行。 2. 疏散楼梯休息平台上部及下部过道处净高可按《民用通规》第5.3.7条(≥2.0 m)执行	存在争议
《大连市建设工程消防设计审查验收技术指南(2023 年版)》第 1.1.5 条[81]	参照《建筑防火通用规范》实施指南，楼梯平台净高也应不小于 2.1 m；对于没有明确疏散走道的大空间，其任何部位净高均不应低于 2.1 m	符合
《山东省施工图审查常见问题解答：第一册房屋建筑(2023 年版)》[82]	疏散通道、疏散走道、疏散出口、疏散门(含房间直接通向疏散走道的门)，均应按《建筑防火通用规范》(GB 55037—2022)净高度不应小于 2.1 m 执行。景观楼梯等非疏散楼梯可按《民用建筑通用规范》净高度不应小于 2.0 m 执行	符合
《2023 江苏省建设工程施工图设计审查技术问答——建筑专业》2-4 第 6 问[83]	住宅套内房间门虽未直接开向疏散走道，但处于人员疏散通道之中，因此其净高也不应小于 2.1 m。建筑中疏散通道包括疏散楼梯平台上部及下部的过道，其净高度不应小于 2.1 m。平时使用的人防工程的疏散通道上的疏散门净高也不应小于 2.1 m	符合

表 2-7(续)

技术性指导文件/指南	条文内容	是否符合《建筑防火通用规范》
《2023 江苏省建设工程施工图设计审查技术问答——暖通专业》第 2 部分排烟类第 22 问[84]	挡烟垂壁底边距地面的高度应满足《建筑防火通用规范》(GB 55037—2022)第 7.1.5 条规定(不低于 2.1 m)	符合

2.3.2 规范应用中的关键注意事项

(1) 废止条款的效力认定

根据《住房和城乡建设部关于发布国家标准〈建筑防火通用规范〉的公告》(2022 年第 189 号),自 2023 年 6 月 1 日起,《建筑防火通用规范》(GB 55037—2022)替代《建筑设计防火规范》(GB 50016—2014,2018 年版)等 32 部旧标准的强制性条文。但非强制性条款在通过合规性审查且不与新规冲突的前提下,仍可作为推荐性技术依据。

例如,《建筑设计防火规范》(GB 50016—2014,2018 年版)中涉及疏散宽度、防火分区的强制性条款已失效,但其中的非强制性条款在通过合规性审查且不与新规冲突的前提下,仍可辅助设计决策。因此,在实际应用中,设计人员需准确识别强制性条款与非强制性条款的适用范围,确保设计符合当前规范要求的同时,合理利用旧规范中依然有效的部分。

(2) 新旧规范衔接矛盾处理

根据《建筑防火通用规范》(GB 55037—2022)的实施要求,新旧规范衔接遵循“过渡期适用”原则,即 2023 年 6 月 1 日前已取得规划许可的项目,原则上可继续执行原设计标准(如 GB 50016—2014,2018 年版),但涉及消防安全的强制性条款(如疏散走道宽度、防火分区设置等)必须符合新规范 GB 55037—2022 的要求。冲突条款处置方面,新国家标准实施后,旧标准中与之冲突的条款自动废止。例如,GB 55036—2023 实施后,其喷水强度要求取代 GB 50084—2017 的对应条款。地方标准的介入条件也应注意,地方标准可细化操作要求,但不得降低国家标准的指标。

2.3.3 学校建筑消防规范的发展趋势

(1) 体系重构方向

随着建筑功能日益复杂以及火灾风险管理的不断深入，我国建筑消防规范体系正在向性能导向的方向转型。未来，建筑消防规范将不再仅仅局限于机械化的具体条款，而是更加注重建筑消防功能和性能的实现。例如，《建筑防火通用规范》(GB 55037—2022)作为基础规范的实施，标志着消防设计理念的转变，逐步推动形成“一部基础规范＋若干专项规范”的体系结构，该架构强调从建筑的功能需求出发，结合建筑火灾风险的实际情况，制定符合安全需求的规范标准。

在学校建筑等特定场所的设计中，未来的消防规范将更加注重疏散系统的“动态适应性”，即建筑的疏散设施应根据建筑的使用变化、人员密度以及火灾发生时的动态情况进行调整，而非仅依赖固定的设计参数。该转型将使规范更具灵活性和适应性，确保消防设计能够与建筑实际使用过程中的风险相匹配。

(2) 技术创新影响

建筑消防技术的不断进步使得传统的规范体系得以扩展，尤其是在智能化技术应用方面，未来的消防设计将趋向自动化和智能化。在实际应用中，基于建筑信息模型的火灾模拟与疏散路径分析已经开始在建筑消防设计中得到应用，通过数字化手段对建筑内外的火灾传播、人员疏散等进行模拟与优化，提供更加精准的消防设计方案。基于数据的决策支持系统不仅提升了消防设计的效率，也在很大程度上增强了建筑防火性能的科学性。

此外，智能消防系统的应用，如智能感知火灾信号、自动化灭火、智能监控与预警等，将为建筑消防提供更高效、更精确的解决方案。未来的建筑将更多依赖智能系统进行实时监控与响应，确保火灾发生初期能够快速响应，最大限度地减轻火灾损失。因此，消防规范可能会更多地融入新技术和创新手段，推动消防设计进入更加高效、精确的时代。

(3) 国际接轨进程

近年来，我国在编制建筑消防规范时，已经参照了包括英国 BS 9999、美国 NFPA 101 等国际标准，并逐步采用“目标—功能—性能”三级控制模式。该模式更加注重建筑在实际使用中的功能需求和火灾风险，而非单纯的技术指标与条文规定，从而实现更加精准的消防安全设计。

例如，在消防报警系统的设计中，未来可能会引入国际先进标准中关于火灾报警的渐进式警报机制，可以在不同的火灾等级下根据火灾蔓延的程度逐步调整警报的级别，从而有效减少误报率，提高响应速度。同时，随着“一带一路”

倡议的推进，我国的消防标准将在国际舞台上得到更多的应用与认可，不仅有助于提升我国建筑行业的国际竞争力，也促进了我国建筑消防技术的国际化发展。未来建筑消防规范将更加注重智能化、个性化的设计方案，并在保证建筑消防安全的基础上，兼顾可持续发展和国际标准的接轨。为建筑消防设计提供了更加灵活和高效的解决方案，确保在复杂多变的建筑环境中实现更高水平的消防安全。

3 基于 Pathfinder 的学生宿舍安全疏散模拟研究

3.1 概述

3.1.1 研究背景与意义

随着我国教育的不断发展和招生规模的持续扩大，学生宿舍作为学生日常学习、生活及休息的重要场所，其消防安全问题逐渐成为社会和学术界关注的重点。尤其是随着高密度住宿环境的普遍形成，学生宿舍火灾事故的风险明显增加。宿舍楼内通常存在诸如建筑结构设计不合理、消防设施配置不足、学生消防安全意识薄弱等问题。因此，如何有效评估和提升学生宿舍的火灾疏散能力，已经成为消防安全领域亟待解决的关键问题。

火灾发生后，人员的及时疏散是减少伤亡和财产损失的最重要手段之一。不同于商业楼宇，学生宿舍的建筑结构通常较为复杂，且宿舍楼内的人员密集程度较高，疏散通道狭窄，这使得火灾发生时的人员疏散问题更加复杂。在火灾发生初期，人员疏散的效率和疏散时间直接关系到人员的生命安全，因此，提高宿舍楼的疏散能力，确保人员能够在火灾蔓延之前及时撤离，是火灾防控研究的重要课题之一。

传统的火灾疏散研究多依赖实验性方法或基于假设的理论模型进行，但由于疏散过程中涉及多种复杂的变量，如人员行为模式、火灾蔓延速度、建筑物设计、疏散路径以及火灾时的环境因素等，单纯的理论分析或实验模拟无法全面再现真实火灾中的各种情况。随着计算机技术的发展，利用现代仿真软件进行火灾疏散模拟研究成为日益重要的研究方向。

Pathfinder 作为一款先进的人员疏散模拟软件，被广泛应用于火灾疏散安全性分析中。通过构建宿舍楼的详细空间模型，Pathfinder 能够模拟火灾发生时人员的疏散路径、速度及其对疏散时效的影响。该软件精确地再现人员在火灾发生过程中如何与其他人员互动、如何选择疏散路径，以及如何应对火灾带来的烟雾和高温等不利因素。通过精确的模拟分析，研究人员能够识别宿舍楼设计中的不足之处，分析不同火灾场景下人员的疏散效率，预测疏散所需的时间，并针对不同的建筑布局和火灾场景提出优化建议。

(1) 学生宿舍火灾事故原因分析

① 电器设备使用不当

电器设备使用不当是导致学生宿舍火灾发生的重要原因之一。随着电子产品的普及，学生宿舍内的电器设备种类日益增多，尤其是大功率电器的广泛使用，使得宿舍内的电力负荷大大增加。若使用不当，特别是未经监管的电热器具、充电设备等，极易因过热引发火灾。例如，2008 年 11 月 14 日，上海商学院徐汇校区的学生宿舍发生火灾，火灾的起因是宿舍内一名女生在使用“热得快”时未注意设备的过热，导致水烧干并引发火灾。事故最终导致 4 名女生从 6 楼宿舍阳台跳下逃生，不幸死亡。

② 违规用火行为

违规用火行为是学生宿舍火灾的另一个常见原因。尽管大多数高校宿舍已严格禁止在宿舍内使用明火，但仍有不少学生存在违反宿舍规定的行为，如点蜡烛、使用蚊香和吸烟等。此类行为一旦疏忽，未能及时熄灭火源，便极易引发火灾。例如，2022 年 6 月 4 日，湖南财政经济学院一男生宿舍突发火灾，起火原因是吸烟时遗留下的火种未及时熄灭。

③ 电气线路老化与设计不合理

电气线路老化与设计不合理也是导致宿舍火灾的重要因素之一。随着宿舍楼年限的增加，电气设施未能及时更新和维护，电气线路老化成为火灾隐患的一个重要来源。许多老旧宿舍楼的电气线路无法承受超负荷的电力需求，导致电线短路、过载等情况发生，最终引发火灾。此外，宿舍内的电源插座数量和布局设计往往不能满足高密度住宿环境中的用电需求，导致学生私自增加插座或使用不合规的电器延长线，从而加剧了电气火灾的风险。例如，2024 年 1 月 19 日，河南省南阳市方城县某学校宿舍楼发生火灾，导致 13 名学生死亡，起因是宿舍内电气线路老化，未能承受电器负荷。

④ 学生消防安全意识薄弱

学生消防安全意识的薄弱是火灾频发的另一个重要原因。尽管高校在入学时进行过消防安全教育，但部分学生对宿舍内存在的火灾隐患缺乏足够的警觉性和应对能力。许多学生未按照宿舍管理规定使用电器，私拉乱接电线，在宿舍内存放易燃物品等，增加了火灾发生的风险。例如，2021 年 12 月 21 日，湖南省长沙市某高校宿舍发生火灾，起火原因是学生在宿舍内未关闭电插板开关，电器过热引发火灾，幸未造成严重人员伤亡。

⑤ 消防设施不完善或维护不到位

宿舍楼内消防设施的缺失或维护不到位，是导致火灾发生时扑救不及时、后果严重的重要原因之一。尽管大多数高校宿舍楼已配备消防设备，如灭火器、消防栓等，但许多宿舍楼存在设施老化、缺乏定期检查和更新的问题；部分设施因长期未维护，未能在火灾发生时发挥有效作用。例如，2022 年 3 月 2 日，清华大学紫荆学生公寓 9 号楼发生火灾，尽管宿舍楼配备了消防设施，但由于消防设施失效未能及时扑灭火源。

（2）学生宿舍疏散难点分析

① 人员密集与疏散通道设计不合理

在火灾发生时，由于宿舍楼内人员密集，疏散过程中容易出现人群聚集和拥堵等问题。如果疏散通道设计不当，火灾时人员的疏散效率将大大降低，甚至可能导致疏散不完全[85]。尤其是在一些建成年代较早的高校学生宿舍楼中，早期的建筑设计未能充分考虑高密度住宿环境下人员安全疏散的特殊需求，导致疏散通道布局不合理，甚至存在部分紧急出口被封闭、堵塞或占用的情况。例如，部分宿舍楼的楼梯坡度过大、梯段宽度不足或其结构设计未完全符合现行消防技术规范的要求，致使火灾发生时人员疏散速度降低。此外，宿舍建筑中普遍设置的门禁系统，其设计与运行管理对火灾情况下人员的疏散效率具有重要影响。门禁系统的初始设计意图在于控制非授权人员进入宿舍区域，保障日常居住安全。然而，若门禁系统的设计过于复杂或其应急开启机制不合理，则可能在火灾等紧急情况下对人员的疏散形成阻碍。一些宿舍楼的门禁系统缺乏有效的应急解锁措施，或在日常使用中存在管理疏漏，致使火灾发生时未能及时开启，阻滞人员快速、有序地通过疏散出口，延长了整体疏散时间。

② 火灾蔓延与烟雾扩散问题

学生宿舍内通常设有长走廊、楼梯间和多个单间，由于空间的通风条件差，容易在火灾发生后迅速积聚大量有毒烟雾，影响人员的能见度和疏散速度。研究表明，宿舍楼的建筑布局与火灾发生时的烟雾扩散密切相关。宿舍楼内狭窄的走廊和楼梯间容易成为烟雾聚集的“死角”，不仅影响人员的视线，还可能导致火灾现场温度迅速升高，增加了人员的窒息风险[86]。在宿舍楼火灾发生初期，烟雾扩散速度和积聚范围的迅速变化对疏散造成了极大困扰。因此，宿舍楼设计中应考虑烟雾的排放和通风设施的优化，以减少火灾蔓延对人员疏散造成的影响。

③ 学生的应急反应与疏散行为

学生宿舍火灾疏散的难点还在于学生在火灾发生时的应急反应。由于缺乏足够的消防安全意识和逃生训练，部分学生在火灾发生时容易出现恐慌，导致疏散行动迟缓。学生对火灾初期的警觉性较低，尤其是夜间火灾发生时，学生的反应往往比白天慢，容易错过最佳的疏散时机。此外，许多学生在火灾发生时可能不能及时识别安全的疏散路径，或者在混乱中迷失方向，这使得火灾疏散的效率大大降低。火灾疏散行为与学生的消防安全教育密切相关，尽管许多高校开展了消防安全教育，但由于课程内容缺乏针对性、教育方式单一，许多学生对火灾的实际应对缺乏足够的准备和应变能力。因此，增强学生的消防安全意识和应急疏散能力，通过系统的消防训练提高学生的疏散效率，是解决这一难点的关键。

④ 建筑结构与消防设施的局限性

宿舍楼的建筑结构和消防设施的配置直接影响火灾疏散的效率和安全性。学生宿舍楼的建筑多层结构和多功能区域使得火灾发生时疏散路径复杂且可能受到阻碍。若消防设施配置不完整或未得到有效维护，则火灾发生时无法及时提供有效灭火支持。部分宿舍楼存在防火隔离不充分的问题，导致火灾迅速蔓延，阻碍了人员的正常疏散。此外，尽管大多数宿舍楼配备了灭火器、消防栓等基础消防设备，但在火灾发生时，设备的老化、维护不当或位置不显眼等问题，严重影响了火灾扑救和人员疏散的及时性。因此，宿舍楼应在设计和建设时充分考虑防火与疏散功能的合理布局，并加强对现有设施的定期检查与维护。

3.1.2 国内外研究现状

(1) 国外研究现状

近年来，国外学者通过使用计算机仿真、行为建模、建筑设计优化和应急管理技术等手段，深入探讨了影响火灾疏散效率的各类因素。国外研究者多采用 ABM(agent-based modeling)与 BIM 相结合的方式，模拟火灾发生时人群的动态疏散过程。有研究利用 Unity 平台实现了 ABM 和 BIM 的结合，通过模拟不同的疏散情景发现，疏散延迟时间和瓶颈问题是影响疏散效率的关键因素[87]。研究表明，通过优化建筑的布局和疏散路径，可以有效地减少疏散中的拥堵，从而提高人员的安全疏散效率。

此外，有研究通过结合 PyroSim 和 Pathfinder 软件对大学宿舍楼进行了火灾模拟，并分析了不同建筑设计对疏散效率的影响[88]。宿舍楼内的烟雾、温度变化以及楼梯和出口的设计对疏散时间有重要影响。在高楼层，烟雾蔓延会明显增加人员的疏散时间，而增加多个出口和优化楼梯设计能够有效缓解疏散中的拥堵现象。

火灾疏散的效率不仅受到建筑设计和疏散路径的影响，还受到人员心理状态和行为的深刻影响。在火灾等紧急情况下，人员的心理反应、情绪波动以及群体行为往往会明显改变疏散过程。国外的许多研究集中在火灾疏散过程中的人群行为和决策分析。在火灾等灾难情况下人员可能会做出非理性的决策，尤其是在极度恐慌的情况下，人员的行为可能与正常情况下的反应截然不同[89]。

此外，人员在火灾时的行为受到多个因素的影响，包括烟雾、火源、疏散通道的条件以及人员的性别和身体状况[88]。研究发现，男性和女性在疏散过程中的反应时间和步伐速度存在差异，这对疏散时间产生了直接影响。因此，在设计疏散方案时，需要考虑不同人群的生理和心理差异，以优化疏散策略。

在学生宿舍等高密度建筑中，建筑设计的合理性直接决定了火灾时疏散的效率。国外的研究集中在如何通过合理设计建筑物的结构和疏散通道来提高人员的疏散速度。研究表明，楼梯和疏散出口的设计对火灾疏散有重要影响，增加出口数量、优化楼梯的宽度、设置多个逃生通道等措施能够有效提高疏散效率，减少人员拥堵现象[90]。

随着信息技术的快速发展，国外研究逐渐将智能化技术应用于火灾疏散的优化过程中。有研究提出了基于物联网和大数据技术的火灾疏散智能管理方案[91]。通过实时监控建筑物内的火灾蔓延、人员分布以及烟雾扩散情况，研究人员能够实时调整疏散路径并优化人员流动，以提高疏散效率和安全性。类似的研究还提出，通过智能化设备如动态疏散指示牌、实时监控系统等，可以在火灾发生时快速引导人员到达安全区域，减少疏散过程中可能出现的混乱。

在应急管理方面，通过实施实时更新的疏散指导方案能够明显提升疏散效率。通过仿真模拟，研究者对不同的疏散策略进行了比较，结果表明，实时调整疏散路径能够有效避免瓶颈区域的拥堵，从而加速人员疏散[92]。

(2) 国内研究现状

随着宿舍火灾频发，国内学者开始着重研究宿舍火灾的风险评估和防控对策。高进东[93]提出，宿舍火灾的风险评估应综合考虑建筑物的耐火等级、火灾负荷、消防设施和疏散系统等因素。通过建立火灾风险评价体系，结合具体的宿舍建筑情况，进行火灾风险定量分析，有助于识别火灾风险的高危环节，为制定有效的防控措施提供依据。同时，模糊综合评价法和灰色关联法等先进的评估方法在宿舍火灾风险评估中得到了广泛应用[94]。该方法能够定量地分析宿舍楼在不同条件下的火灾风险，评估各个环节的薄弱环节，进而提出有针对性的防控措施，从而有效减少火灾发生的概率。

针对火灾发生后的应急反应，国内研究也提出了一些防控对策。例如，王丽[95]提出通过改善宿舍楼的消防设施配置、优化疏散通道设计、加强学生的消防安全教育等措施，可以大大提高火灾发生时的疏散效率，降低火灾对学生生命和财产的威胁。

在火灾疏散研究方面，国内研究主要集中在如何提高宿舍楼的疏散效率，减少火灾发生时人员伤亡的风险。随着计算机技术的发展，数值模拟方法逐渐成为研究火灾疏散安全性的有效工具。许锐等[86]通过FDS软件模拟了不同火灾场景下宿舍楼内烟气流动和能见度变化的规律，并分析了这些因素对人员疏散的影响。研究结果表明，火灾发生时，由于烟气积聚和温度升高，人员疏散通道容易被堵塞，严重影响疏散效率。因此，优化宿舍楼的建筑设计，保证疏散通道的畅通性是提高疏散安全性的关键。

另外，李琳等[96]也利用数值模拟方法，分析了某高校宿舍楼火灾情况下的人员疏散问题。研究表明，宿舍楼的建筑设计和消防设施的有效性直接影响到人员疏散的时间和效率。宿舍楼的可用安全疏散时间(ASET)与所需安全疏散时间(RSET)之间的差距是判断宿舍楼是否符合安全标准的一个重要指标。研究指出，在设计宿舍楼时应考虑增加可用疏散时间或减少所需疏散时间，从而提升火灾疏散的安全性。

近年来，使用模拟工具Pathfinder对宿舍楼火灾疏散进行模拟分析，已成为国内研究的主流方法[97]。通过这些数值模拟，不仅能够准确预判火灾发生时的疏散效果，还能够提出针对性的疏散改进措施。尽管国内在学生宿舍火灾疏散领域取得了一定的研究进展，但现有的研究仍存在一些不足。火灾疏散的实际效果往往受到多种因素的影响，如人员的反应速度、疏散通道的拥堵等，未来的研究应更加注重将模拟与实地调查相结合，加强火灾疏散应急演练和数据采集，以便为实际的宿舍火灾应急管理提供更加可靠的依据。

3.2　Pathfinder 疏散场景建立

3.2.1　宿舍楼模型建立

本章构建的是学生宿舍楼疏散模型，该宿舍楼建筑面积为 14 553.6 m^2，建筑高度为 21.6 m，共 6 层，每一层的层高都为 3.6 m，整体为“U”字形结构。每一层有贯穿宿舍楼南北的走廊，使整栋宿舍楼连通起来。宿舍楼一楼共有 3 个出口，出口 A 的宽度为 2.5 m、高为 2.2 m，出口 B、出口 C 的宽度为 0.85 m、高为 2.2 m。宿舍楼共有 4 个疏散楼梯间，宽度均是 2.6 m，均布在大楼四角。宿舍楼一层配有值班室、自习室、洗衣房等，二到六层配有自习室、洗衣房等。将该宿舍楼 CAD 图导入 Pathfinder 软件，建立的 Pathfinder 模型见图 3-1。

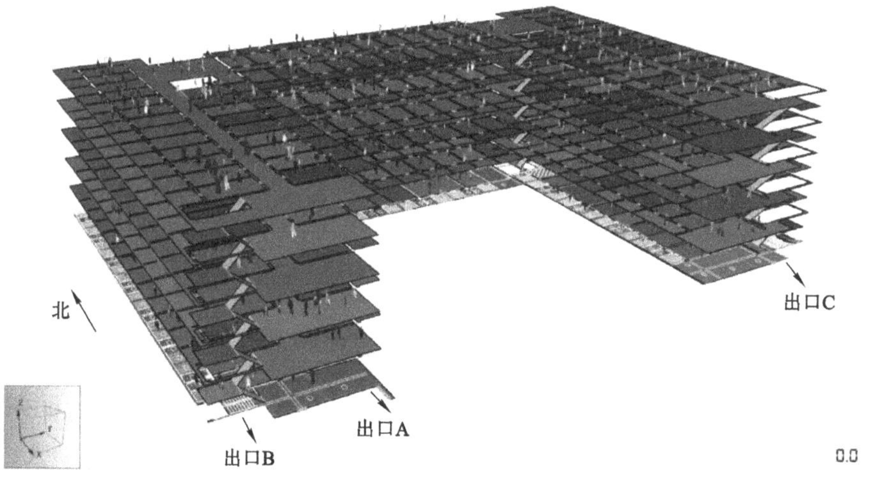

图 3-1　学生宿舍 Pathfinder 模型图

宿舍楼共有 a、b、c 3 种房间类型：a 类为宿舍，长 7.8 m、宽 3.3 m；b 类为学生自习室，长 5.1 m、宽 4.7 m；c 类为多功能洗衣区，长 7.8 m、宽 3.3 m。第一层有 56 个 a 类学生宿舍、2 个 b 类学生自习室、2 个 c 类多功能洗衣区，第二至第六层均有 60 个 a 类学生宿舍、2 个 b 类自习室、2 个 c 类洗衣区。宿舍楼的房间数量统计如表 3-1 所列。

表 3-1 宿舍楼房间类型及数量统计

房间类型	长/m	宽/m	总数
a	7.8	3.3	356 个
b	5.1	4.7	6 个
c	7.8	3.3	12 个

3.2.2 宿舍楼疏散人员设置

设置人员在平地的紧急疏散速度为 2 m/s，楼梯的速度是平地速度的 70%，参考《消防安全工程 第 9 部分：人员疏散评估指南》(GB/T 31593.9—2015)[98]确定疏散人员的特征参数，如表 3-2 所列。

表 3-2 宿舍楼疏散人员特征参数设定

特征参数	取值
平地疏散速度	1.5 m/s
楼梯疏散速度	0.98 m/s
平均肩宽	42 cm
身高	1.4～1.7 m
人员最小间距	0.08 m

每间宿舍安排 4 人员，人员与人员之间隔两个空位或过道，人员随机分布在建筑内中。宿舍楼内设置总人数 1 345 人，其中一层 220 人、二层 220 人、三层 220 人、四层 210 人、五层 240 人、六层 235 人。一层的人员分布及安全出口分布见图 3-2。

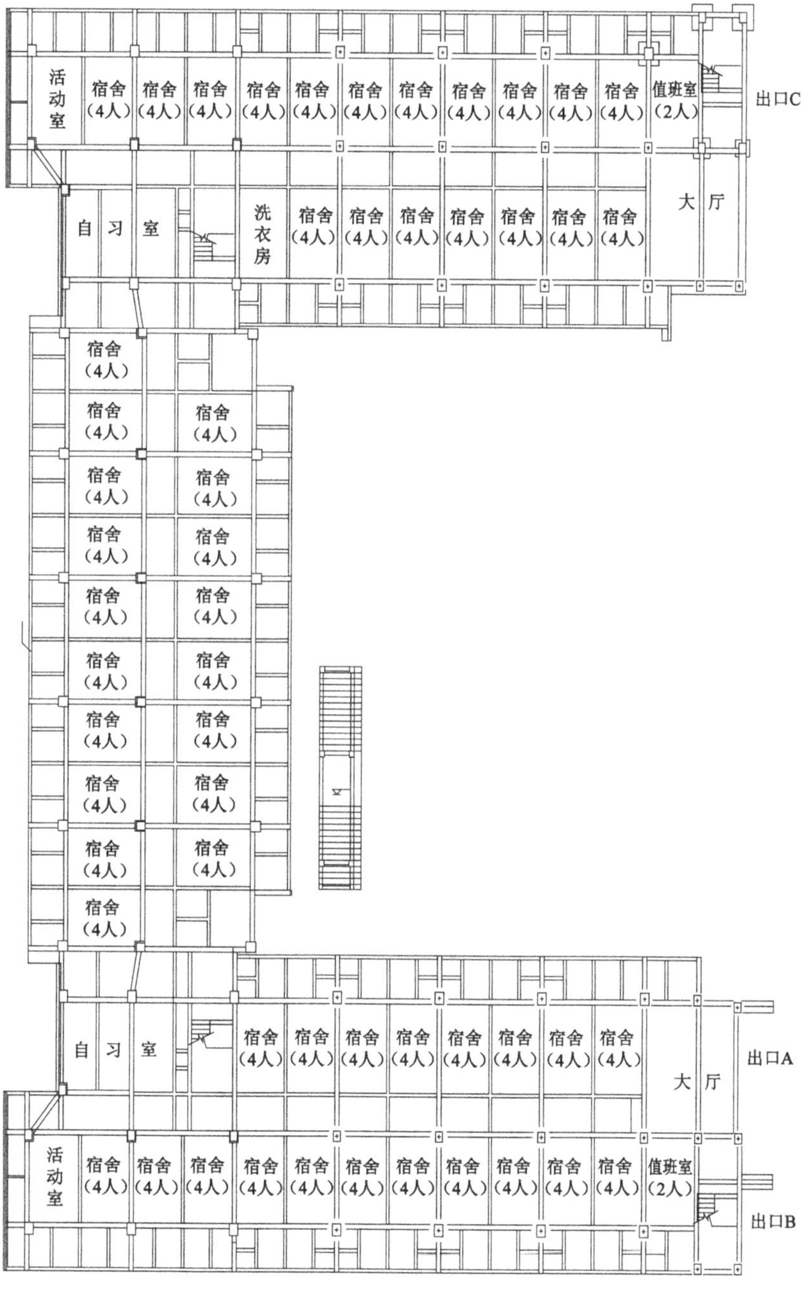

图 3-2 宿舍楼一层人员分布及安全出口位置示意图

3.3 火灾地点对疏散效率的模拟分析

3.3.1 工况 1:一层中间走廊中部为起火点

设置一层中间走廊中部为火源位置。模拟显示,18.2 s 时,所有楼层的人均跑出房间到达走廊;52.1 s 时,所有楼层的人均跑到楼梯间,此时楼梯间有大量的人员拥堵;拥堵现象持续到 393.6 s 时结束,在此期间,除一层中部楼梯间的人以外,其他部位的楼梯间均有人折返寻找其他疏散出口;568.3 s 时所有人跑出安全出口。

图 3-3 为宿舍楼不考虑障碍物、人数正常、门常开的状态下,120 s 时各层疏散人员密度图。从图中可以看出,二至六层人员向楼梯口集中,楼梯间的人员密度达到了最大值 3 人/m^2。

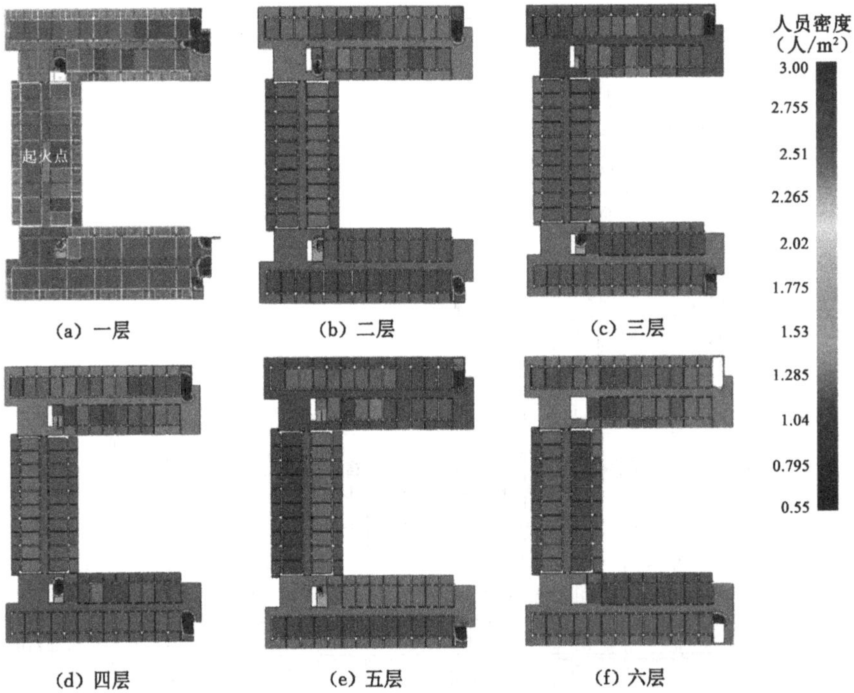

图 3-3 工况 1 宿舍楼 120 s 时各层疏散人员密度图

如图 3-4 所示，所有人员都往楼梯间和安全出口的方向移动，途中因楼梯间发生堵塞现象，有部分人折返寻找其他楼梯和出口的路径，还有因堵塞而造成的空间挤压路径，该路径多数为弧形。3 个出口均有人员通过。一层中间走廊因起火无法通行，故此处没有人员路径。

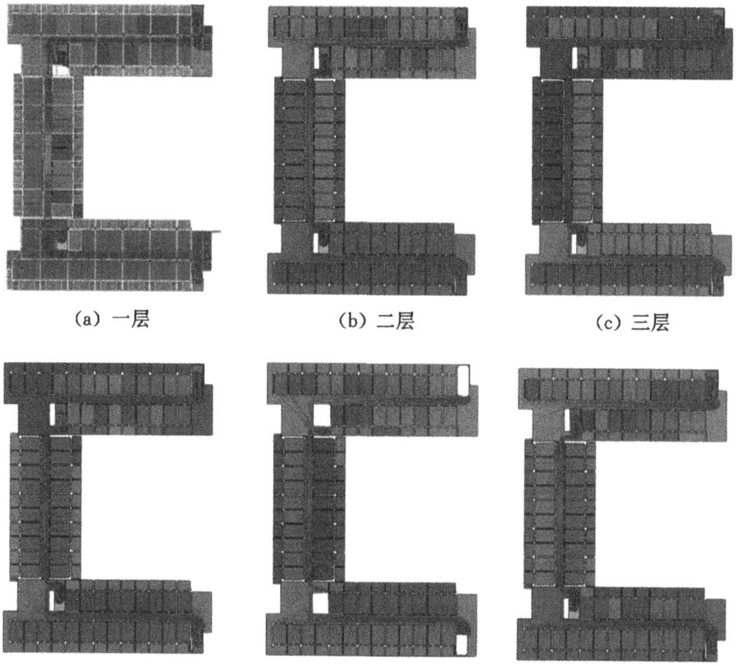

(a) 一层　(b) 二层　(c) 三层　(d) 四层　(e) 五层　(f) 六层

图 3-4　工况 1 宿舍楼各层人员疏散路径图

图 3-5 展示了出口 A、出口 B 和出口 C 随时间变化的疏散人流量情况。由图可见，出口 A 和出口 B 的人流量在初期快速上升，并保持较高的波动，表明这两个出口在开始疏散时承载了大量人员，可能导致人员集中，形成人流量高峰。出口 C 的人流量较为平稳，且波动幅度较小。图中的人流量变化还揭示了疏散过程中可能出现的拥堵问题，尤其是在人流量突然下降的时刻。例如在接近 400 s 时，出口 A 和出口 B 的人流量出现剧烈变化，表明这些出口存在疏散不畅的情况。

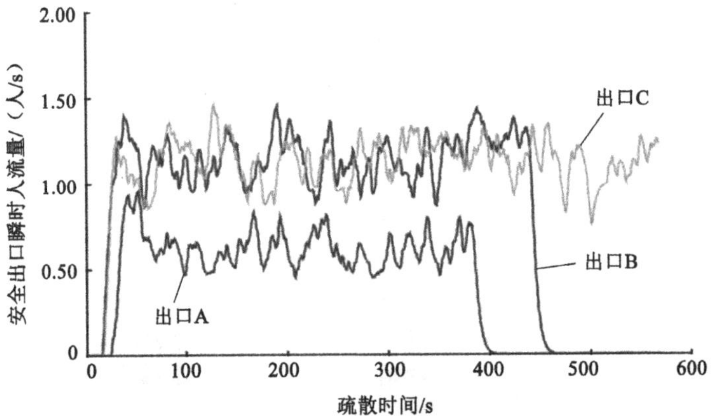

图 3-5　工况 1 时宿舍楼 3 个安全出口的瞬时人流量变化曲线

3.3.2　工况 2:一层东侧走廊中部为起火点

设置一层东侧走廊中部为起火点。由模拟可知,15.7 s 时,所有楼层的人均跑出房间到达走廊;41.4 s 时,所有楼层的人均跑到楼梯间,此时楼梯间有大量的人员拥堵;拥堵现象持续到 411 s 时结束,在此期间,除一层东侧楼梯间的人以外,其他部位的楼梯间均有人折返寻找其他疏散出口;591.3 s 时所有人从安全出口跑出。

图 3-6 展示了宿舍楼不考虑障碍物、人数正常、门常开的状态下,120 s 时各层疏散人员密度图。与工况 1 不同的是,其一层东侧门即出口 A、B 的人员密度远远小于工况 1,且其东北侧楼梯的人员密度大于工况 1,达到最大值 3 人/m^2;其他楼层的人员密度分布与工况 1 几乎相同。

图 3-7 为工况 2 下宿舍楼的疏散路径图。由图可见,此工况下的二到六层路径几乎与工况 1 的一致;一层因东侧走廊中部起火,只有部分路径通向出口,且被火分隔的东南部分人员路径相对较少。

图 3-8 展示了出口 A、出口 B 和出口 C 随时间变化的疏散流量情况。由图可见,在模拟的初期(0～100 s),出口 B 和出口 C 的人流量迅速上升,表明在疏散初期,大多数人员选择通过出口 B 和出口 C 撤离;出口 A 的人流量小幅度上升后下降到 0,表明较少的人员使用该出口。在疏散的后期(500～600 s),出口 B 的人流量出现了明显下降,几乎降至零,这意味着通过出口 B 的人员已经全部疏散完毕,剩余的人员可能选择了出口 C,使出口 C 的人流量持续增加。

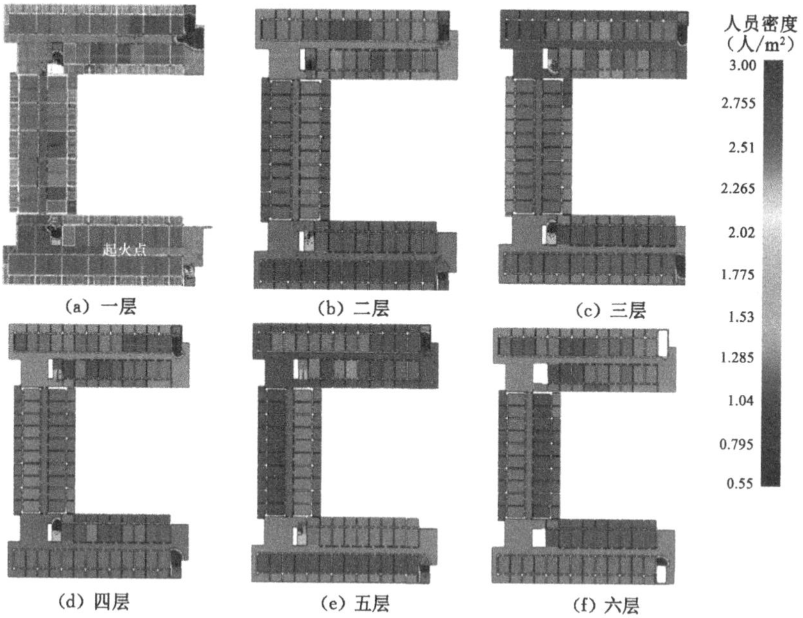

图 3-6 工况 2 宿舍楼 120 s 时各层疏散人员密度图

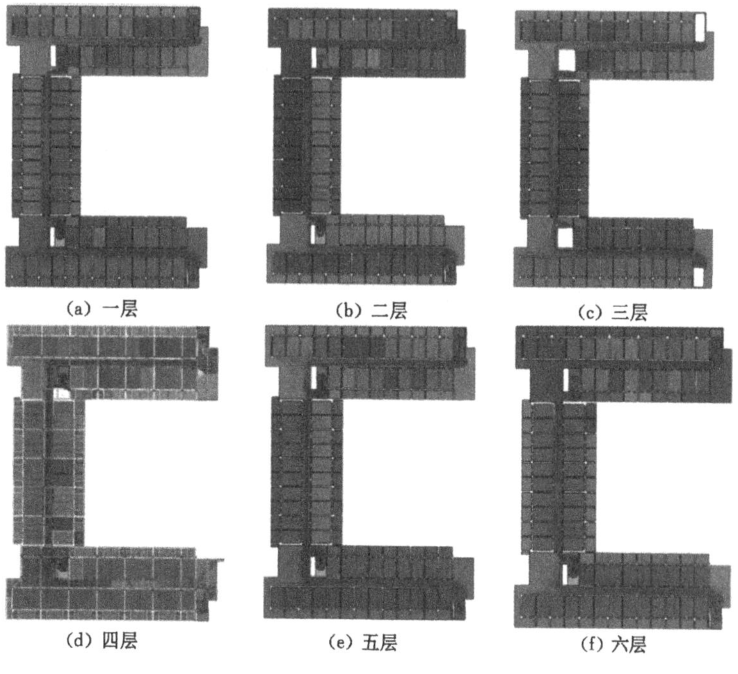

图 3-7 工况 2 宿舍楼各层人员疏散路径图

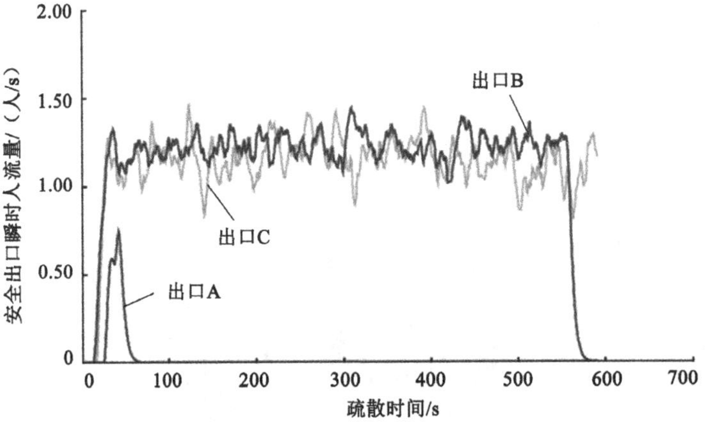

图 3-8　工况 2 时宿舍楼 3 个安全出口瞬时人流量变化曲线

3.3.3　工况 3:六层中间走廊中部为起火点

设置六层中间走廊中部为起火点。由模拟可见,18.2 s 时,所有楼层的人均跑出房间到达走廊;49.4 s 时,所有楼层的人均跑到楼梯间,此时楼梯间有大量的人员拥堵;拥堵现象持续到 317 s 时结束,在此期间,除六楼中部楼梯间的人以外,其他部位的楼梯间均有人折返寻找其他疏散出口;549.8 s 时所有人跑出安全出口。

图 3-9 为该工况疏散 120 s 时的人员密度图。由图可见,所有楼层人员向楼梯口集中,楼梯间的人员密度同样达到了最大值 3 人/m^2。与工况 1 相比,其六层东南侧楼梯的人员最高密度面积扩大,意味着通过六层东南侧楼梯的人更多;而一层的人员高密度区只从楼梯到安全出口呈弧形弯曲,与工况 1 不同。

图 3-10 为工况 3 疏散路径图。此工况下二到五层路径也几乎与工况 1 一致;六层因中间走廊中部起火,只有部分路径通向楼梯间,所有人员都往楼梯间的方向移动,途中因楼梯间发生堵塞现象,有部分人折返寻找其他楼梯和出口的路径。

工况 3 出口 A、出口 B 和出口 C 随时间变化的疏散流量情况如图 3-11 所示。由图可见,出口 A 的人流量较低,出口 B 和出口 C 的人流量在初期快速上升,尤其是出口 B 的人流量迅速增加,显示出大量人员优先选择通过出口 B 进行疏散。出口 C 的人流量在初期也有一定的增长,虽然比出口 B 的人流量低,但逐步增加,表明部分人员选择了出口 C 进行疏散。出口 A 在 421.6 s 时人员通行完成,出口 B 在 537 s 时人员通行完成,出口 C 成为剩余人员的主要出口。

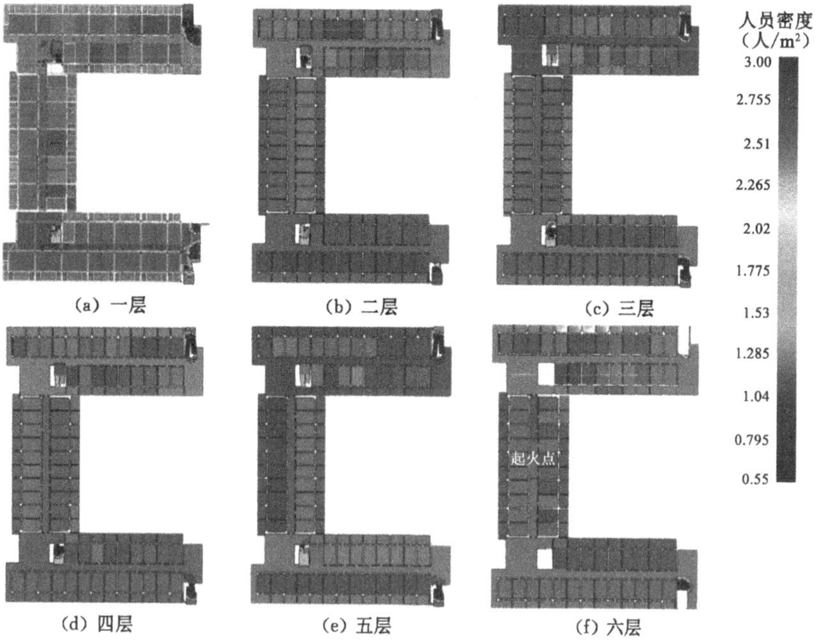

图 3-9　工况 3 宿舍楼 120 s 时各层疏散人员密度图

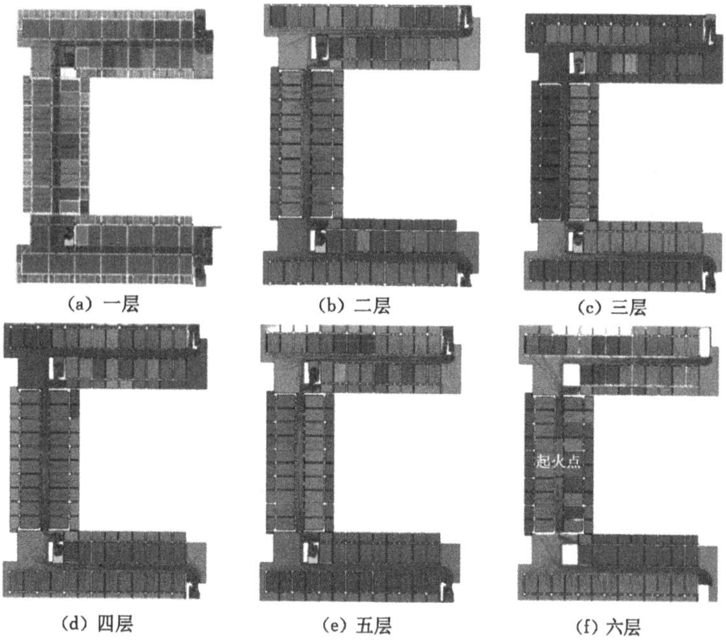

图 3-10　工况 3 宿舍楼各层人员疏散路径图

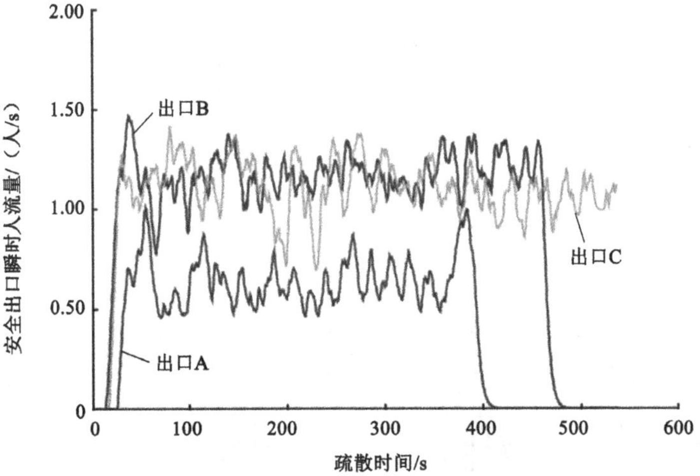

图 3-11　工况 3 宿舍楼 3 个安全出口的瞬时人流量变化曲线

3.3.4　小结

三种工况的模拟结果表明，火灾起点位置对宿舍楼的疏散效率和人员流动有着明显影响。一层中部走廊起火时(工况 1)，疏散过程较为顺畅，但仍存在楼梯口的拥堵问题。一层东部走廊起火时(工况 2)，由于部分出口无法使用，疏散过程受到较大影响，人员流动明显受限。高层中部走廊起火时(工况 3)，疏散流量更为集中且路径复杂，人员的疏散速度较慢。

以工况 1 为例，图 3-12 展示了疏散全过程的人员流动情况。初始时，所有人员处于房间内，经过约 10 s 的反应时间后，人员开始疏散。到 18.2 s 时，所有楼层的人员均已跑出房间并进入走廊。52.1 s 时，所有人员已到达楼梯间。然而，此时楼梯间发生了明显的拥堵现象，这一拥堵持续至 393.6 s 才得以缓解。在此期间，除一楼中部楼梯间的人员外，其他楼层的人员均出现了折返现象，试图寻找其他疏散出口。最终，所有人员在 568.3 s 时成功疏散至楼外。

宿舍楼共 3 个出口，各出口不同工况下人员疏散时间如表 3-3 所列，可见 C 出口承担疏散人数最多，B 出口次之，A 出口疏散人数最少。由于火灾紧急情况下人员通常选取最近的路径，而 A 出口距离楼梯相对较远，因此选择该出口的人数相对较少，B、C 两个出口和楼梯相连接距离较近，从楼上房间通过楼梯下来的人员较多，所以相对拥挤。

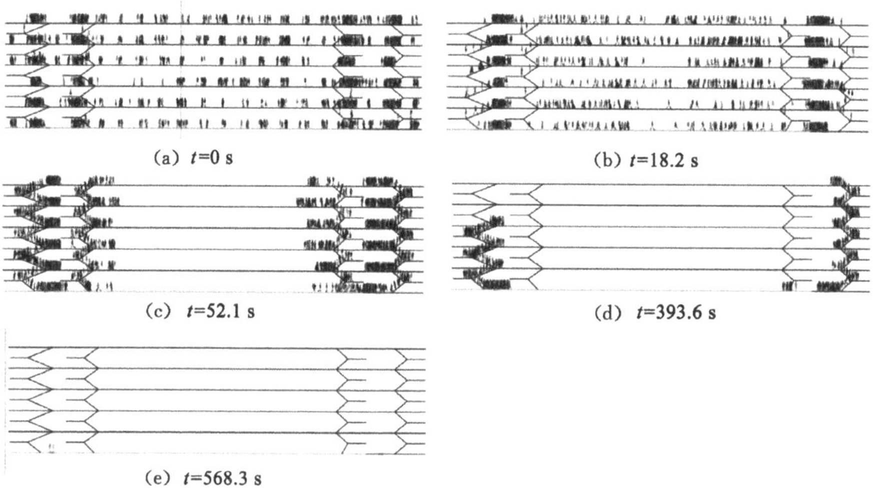

(a) t=0 s　(b) t=18.2 s　(c) t=52.1 s　(d) t=393.6 s　(e) t=568.3 s

图 3-12　工况 1 宿舍楼人员疏散全过程模拟图

表 3-3　宿舍楼不同火灾地点时各安全出口人员通行时间

出口	工况	起火地点	通行时间/s
A	1	一层中部走廊	417.3
	2	一层东侧走廊	87.9
	3	六层中部走廊	421.6
B	1	一层中部走廊	481.9
	2	一层东侧走廊	590.3
	3	六层中部走廊	488.2
C	1	一层中部走廊	568.3
	2	一层东侧走廊	591.3
	3	六层中部走廊	537.0

在所有工况中，出口 C 始终承担了最大量的疏散人数，表明该出口在火灾情况下更为有效，可能是因为它更接近楼梯；出口 B 的疏散人数也较多，尽管它在部分工况下存在较大的拥堵现象，特别是在起火点为一层东侧走廊时；相对而言，出口 A 的疏散人流量较低，因为该出口距离楼梯较远，且疏散路径较为复杂，导致选择该出口的人员相对较少。

根据表 3-4，不同工况下各个出口的疏散时间存在明显差异。在工况 2 中，由于火灾位置为东侧走廊，出口 A 的疏散时间大幅缩短，仅为 87.9 s，显示出该出口在特定条件下的疏散效率有所提升。出口 B 和出口 C 的疏散时间也随着火灾位置的不同有所波动，尤其是工况 3 中，出口 C 的疏散时间最短，为 537 s，表明此出口在高层火灾情况下更加高效。

3.3.5 优化建议

上述模拟分析表明，火灾位置对疏散流量和疏散时间产生了影响。特别是在楼梯间发生拥堵的情况下，疏散效率明显下降，且人员折返寻找其他出口的现象进一步加剧了疏散的混乱。因此，为了提高宿舍楼的疏散效率，减少火灾发生时的人员聚集与拥堵，提出以下优化建议：

(1) 优化出口设计与布局

出口 C 疏散人数最多且疏散时间最长，如其在工况 1、工况 2 和工况 3 中的通行时间分别为 568.3 s、591.3 s 和 537 s，明显处于高负荷状态，因此应适当增加出口 C 的宽度或增加设备用出口，以有效缓解拥堵现象。出口 B 虽人流量次之但也较拥挤，需重新设计出口和楼梯间的连接方式，减少交叉流动的人员数量。出口 A 由于疏散人数最少，可通过改善指示标识系统和路径布局，提高人员对该出口的使用率。此外，还应考虑增设紧急出口指示灯，提高疏散出口的辨识度。

(2) 强化疏散引导系统和标识设置

在模拟中发现，各楼层的楼梯间出现人员大量拥堵，尤其在工况 2 中拥堵持续至 411 s。因此建议在楼梯入口处、走廊交汇处以及疏散路径的关键节点增设明确的疏散引导标识和应急疏散路线提示，便于人员快速选择合适的出口。此外，应在楼梯间和主要出口处设置电子显示屏及语音引导系统，动态提供路径信息，降低人员由于路径不明确导致的折返及拥堵。同时，建议增加疏散路径上的安全引导标志和逃生导向线，有助于人员更快速、清晰地识别疏散方向。

(3) 优化一层公共区域布局

模拟数据显示，一层公共区域尤其是大厅在紧急疏散过程中人员密度较高，可能导致拥堵甚至发生踩踏风险。一楼人员总数为 220 人，应针对该人数进行空间布局优化，重新规划公共设施及家具位置，减少人流交叉情况。同时建议在大厅及主要通道处设置疏散缓冲区或安全区域，便于人员在紧急状况下临时停留并重新规划疏散路径，降低潜在的拥堵风险。此外，还可以考虑在一层公共区域设置多个出口通道，进一步分散疏散人流，缓解主要出口的疏散压力。

(4) 升级火灾探测与报警设施

3 个工况的疏散模拟显示，人员疏散过程中折返和拥堵现象明显，因此，应提升宿舍楼内部火灾探测和报警系统的性能。建议采用高灵敏度烟感探测器、温感探测器以及自动报警联动系统，以确保及时探测火灾，迅速引导人员逃生，缩短疏散延迟时间。同时，应考虑将报警系统与应急广播、紧急照明系统联动，保证在火灾发生时快速、高效地通知所有楼层人员。

(5) 强化消防安全培训与演练

模拟过程中出现人员折返和路径选择不当的情况，表明人员对备用疏散路线的认知不足。因此，应定期组织消防安全培训和演练，明确指出不同疏散出口与备用疏散路径的位置与特点。建议采用虚拟现实技术进行火灾场景模拟训练，使学生更直观掌握各疏散出口的位置及使用技巧，增强紧急状态下的应对能力。此外，还可结合宿舍楼实际情况，制定详细的应急疏散预案，定期进行评估和修订，确保方案始终适用于宿舍楼的实际情况。

(6) 完善消防设施管理及维护制度

宿舍楼配有自习室、洗衣房等公共设施，这些区域在疏散过程中同样需要注意防火管理。建议建立完善的消防设施管理与维护规程，定期检查并维护火灾报警系统、疏散指示标识和紧急照明系统，确保这些设施处于正常工作状态。此外，明确各消防设施的使用和维护责任人，定期进行维护保养，确保紧急时刻消防设备发挥最大作用。宿舍楼应建立完善的消防设施使用档案，明确设施检查维护的周期、方式与记录，保障消防设施运行的可追溯性。

(7) 优化疏散楼梯间设计与防火分区

宿舍楼现有 4 个楼梯间，宽度均为 2.6 m，但在疏散模拟过程中仍出现较明显的拥堵现象。建议优化楼梯间空间设计，可考虑局部拓宽楼梯宽度或增设疏散专用楼梯，通过有效分流人员，提高疏散效率。此外，可在楼梯间内设置防滑、防挤压设施和防护栏杆，减少人员跌倒或踩踏事故风险。

3.4 楼梯数量对疏散效率的模拟分析

该宿舍楼共设有 4 个楼梯间，其布局如图 3-13 所示。本节模拟分析开放不同数量的楼梯间时的疏散情况。

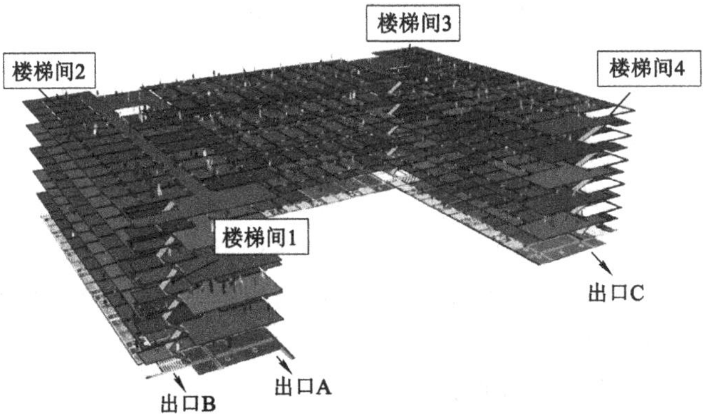

图 3-13 宿舍楼楼梯间布局示意图

3.4.1 工况 1:使用 3 个楼梯

工况 1 设置仅楼梯间 1、楼梯间 2 和楼梯间 3 这 3 个楼梯可以使用,楼梯间 4 关闭。模拟显示,18.1 s 时,所有楼层的人均跑出房间到达走廊;在 58 s,所有楼层的人均跑到楼梯间,此时楼梯间有大量的人员拥堵;拥堵现象持续到 414.1 s 结束,在此期间,除一楼中部楼梯间的人以外,其他部位的楼梯间均有人折返寻找其他疏散出口;688 s 时所有人跑出安全出口。

图 3-14 为宿舍楼不考虑障碍物、人数正常、门常开的状态下,126 s 时各层疏散人员密度图。从图中可以看出,宿舍楼东侧二层至六层人员分别跑向楼梯间 1 和楼梯间 2,宿舍楼西侧二层至六层人员分别跑向楼梯间 3,一层的人员跑向各安全出口,楼梯间的人员密度在 126 s 达到了最大值 3 人/m^2。

图 3-15 为疏散路径图,可看出所有人员都往楼梯间和一层安全出口的方向移动,途中因楼梯间发生堵塞现象,有部分人折返寻找其他楼梯和出口的路径,3 个出口均有人员通过。楼梯间 4 因设置为关闭状态,故该楼梯间无人员通行。二层至六层的人员通行路线基本相同。

图 3-16 是该工况下 3 个出口的瞬时人流量变化曲线。由图可见,出口 B 和出口 C 的人流量在初期迅速增加,表明大多数人员在疏散开始时选择通过出口 B 和出口 C 进行撤离;出口 B 在这段时间内人流量的波动较大,显示出该出口存在一定的拥堵;出口 A 的人流量较低,说明在疏散初期人员选择通过出口 A 的情况相对较少。出口 A 和出口 B 的人流量分别在疏散 400 s 后出现明显下降,表明大部分通过出口 A 和出口 B 的人员已经成功疏散,出口 C 成为剩余

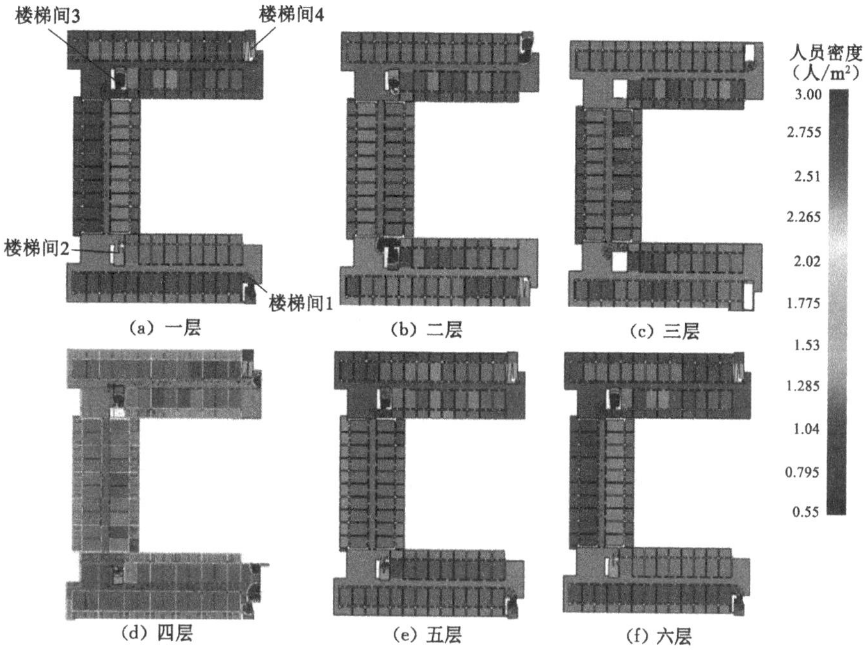

图 3-14　工况 1 宿舍楼 126 s 时各层疏散人员密度图

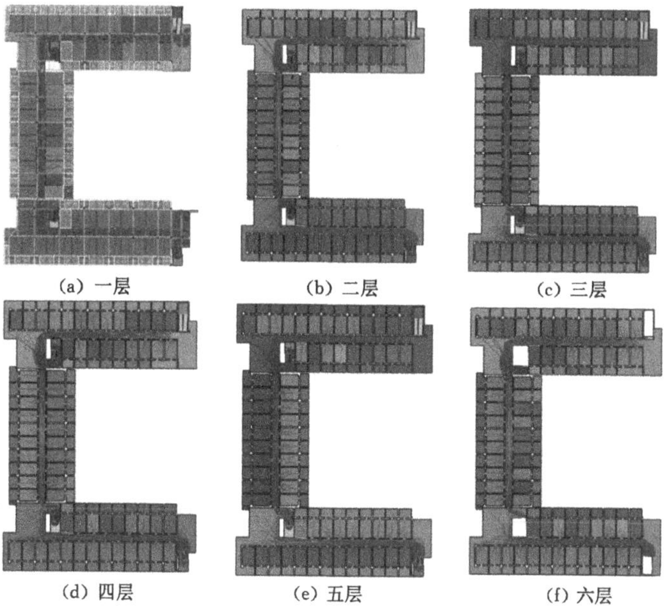

图 3-15　工况 1 宿舍楼各层人员疏散路径图

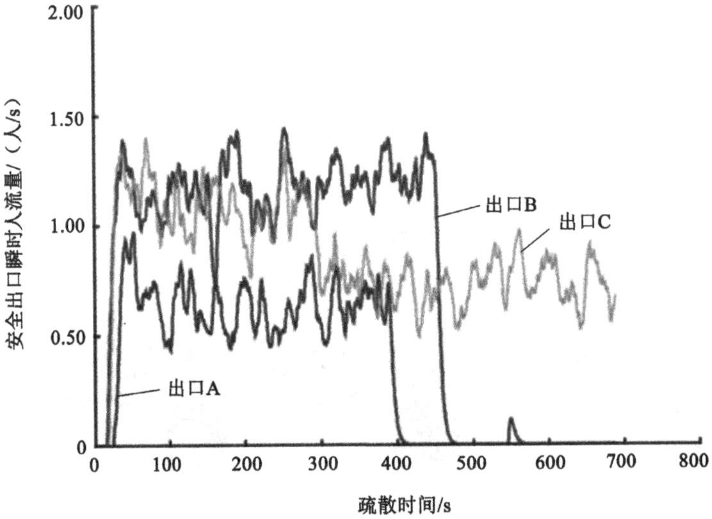

图 3-16 工况 1 宿舍楼 3 个安全出口的瞬时人流量变化曲线

人员主要的疏散出口。

3.4.2 工况 2:使用 2 个楼梯

工况 2 设置仅楼梯间 1 和 2 可用,楼梯间 3 和 4 关闭。模拟显示,18.1 s 时,所有楼层的人均跑出房间到达走廊;61.9 s 时,所有楼层的人均跑到楼梯间,此时楼梯间有大量的人员拥堵;拥堵现象持续到 552.3 s,在此期间,除一楼中部楼梯间的人以外,其他部位的楼梯间均有人折返寻找其他疏散出口;692.5 s 时所有人跑至楼外。

图 3-17 为宿舍楼不考虑障碍物、人数正常、门常开的状态下,126 s 时各层疏散人员密度图。从图中可以看出,宿舍楼东侧二层至六层大部分人员跑向楼梯间 1、少量人员跑向楼梯间 2;宿舍楼西侧二层至六层的人员主要跑向楼梯间 2,少部分人员跑向楼梯间 1;一层的人员分散跑向 3 个安全出口。

图 3-18 为疏散路径图,可以看出所有人员都往安全出口的方向疏散。因楼梯间 3 和楼梯间 4 关闭,二至六层大部分人员分别跑向楼梯间 1 和楼梯间 2,其中大部分人员跑向较近的楼梯间 2、少部分人员跑向较远的楼梯间 1;一层人员跑向各个安全出口。楼梯间 3 和楼梯间 4 因关闭不可使用,无人员通行。

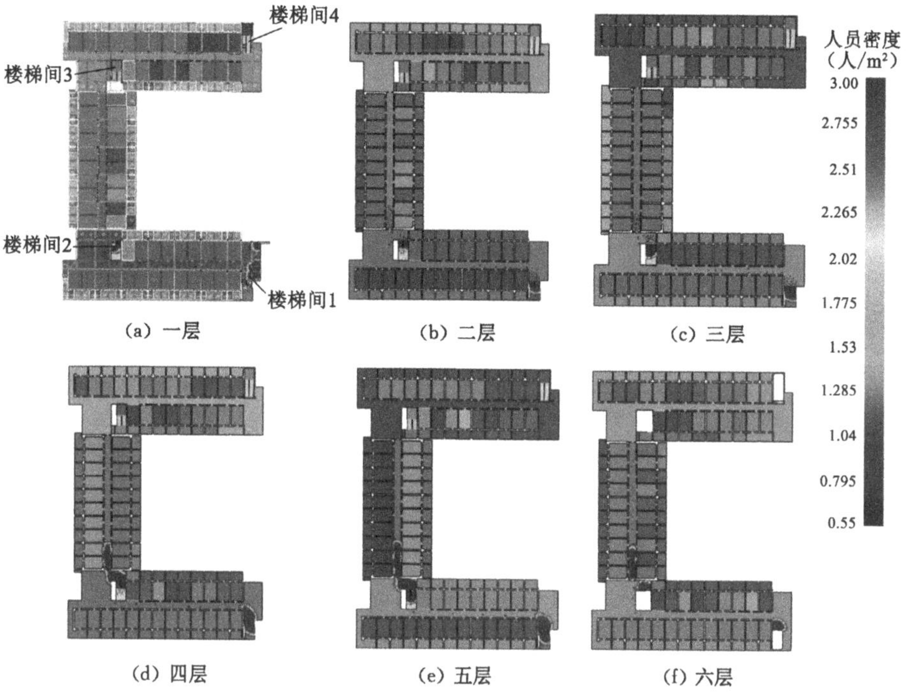

图 3-17　工况 2 宿舍楼 126 s 时各层疏散人员密度图

图 3-19 是该工况下 3 个出口的瞬时人流量变化曲线。由图可见，出口 B 在整个疏散过程中作为主要出口，尤其在疏散的初期，承载了大量的人员流量。出口 A 在疏散过程中的使用率相对出口 B 较低。出口 C 的利用率最低，原因

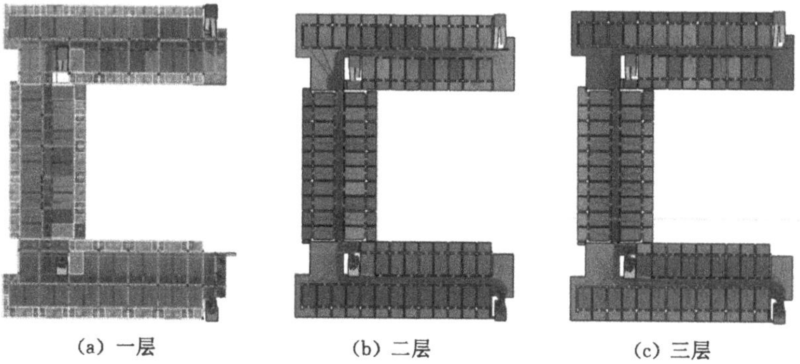

图 3-18　工况 2 宿舍楼各层人员疏散路径图

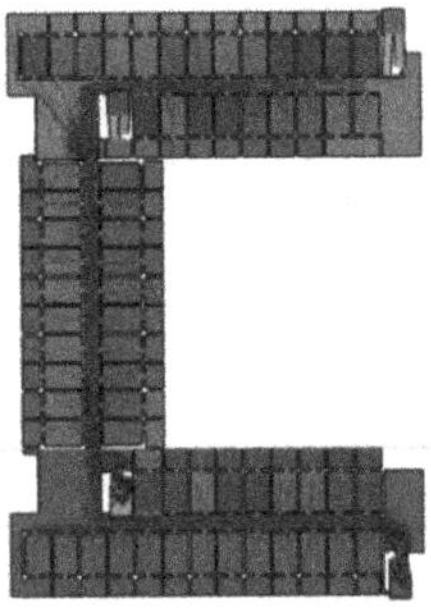

(d) 四层

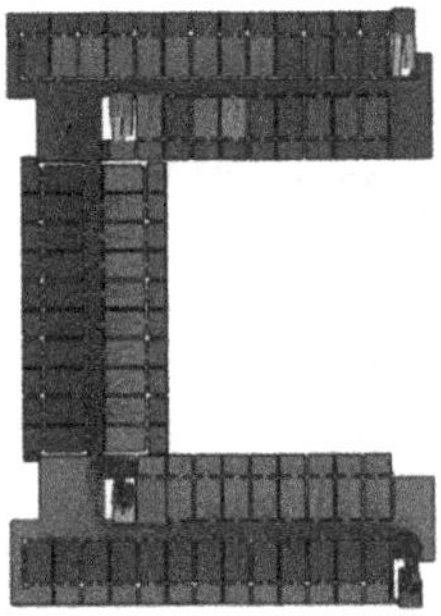

(e) 五层

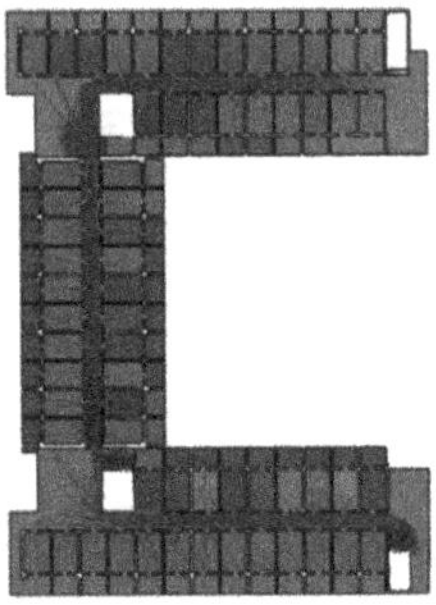

(f) 六层

图 3-18 （续）

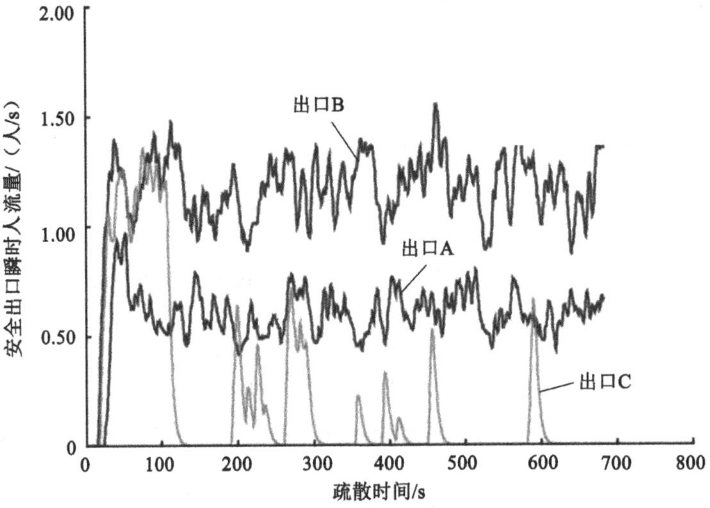

图 3-19　工况 2 宿舍楼 3 个安全出口的瞬时人流量变化曲线

是距出口 C 最近的楼梯间 3 和楼梯间 4，未启用，二层及以上的人员未从楼梯间 3 和楼梯间 4 通行，出口 C 只有一层的人员通行。619.6 s 时出口 C 的人员已通行完毕，此时出口 A 和出口 B 人流量仍处于高峰。

3.4.3　工况 3：使用一个楼梯

工况 3 是设置仅楼梯间 1 可以使用，其余楼梯均关闭。模拟显示，18.1 s 时，所有楼层的人均跑出房间到达走廊；230.4 s 时，所有楼层的人均跑到楼梯间，此时楼梯间有大量的人员拥堵；拥堵现象持续到 820 s 时结束；936.8 s 时所有人跑出安全出口。

图 3-20 为宿舍不考虑障碍物、人数正常、门常开的状态下，126 s 时各层疏散人员密度图。如图所示，二层及以上楼层的人员全部跑向楼梯间 1，一层人员分别跑向 3 个安全出口。在所有楼层中，楼梯间 1 附近的人员密度最高，表明人员流动受限于楼梯的宽度以及楼梯的数量。尤其是当疏散高峰期到来时，人员通过楼梯的速率受到限制，从而导致楼梯间周围区域的人员密度迅速增大。三至六层的楼梯间 1 附近的人员高密度区域很大，因为楼梯宽度和数量有限，大部分人员仍在走廊内等待。

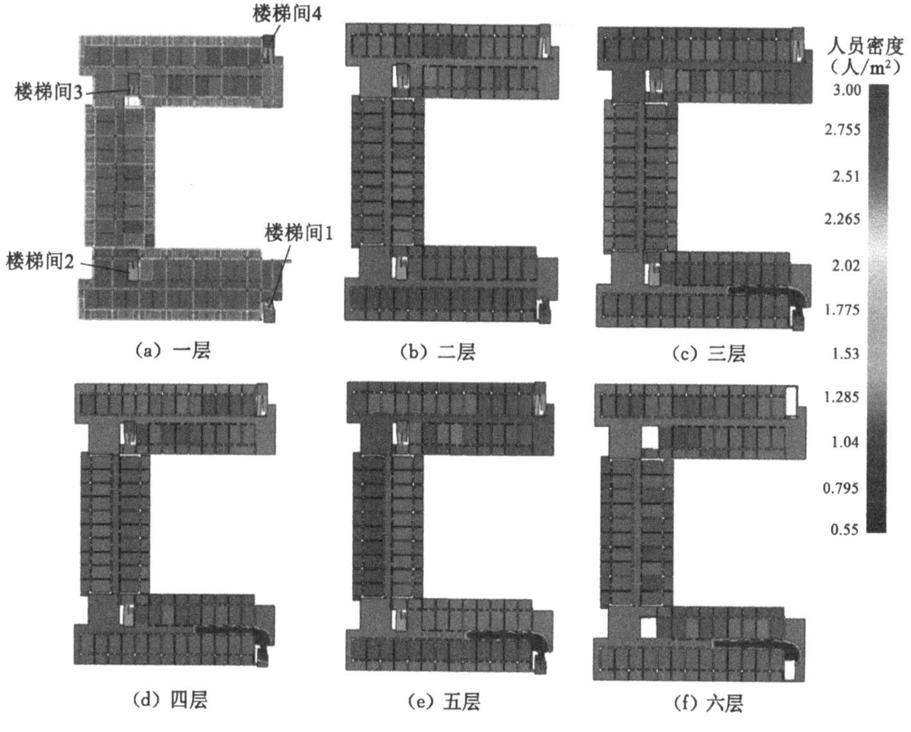

图 3-20 工况 3 宿舍楼 126 s 时各层疏散人员密度图

由图 3-21 可分析出一层的疏散较为顺畅，高楼层的疏散路径较为复杂且疏散速度较慢。一层有 3 个畅通的安全出口，分散了人员的流动，避免了单一出口造成的拥堵。二层及以上的人员需要通过楼梯疏散，疏散路径复杂，因为楼梯间 2、楼梯间 3 和楼梯间 4 均关闭，人员从远离楼梯间 1 的宿舍到达出口的

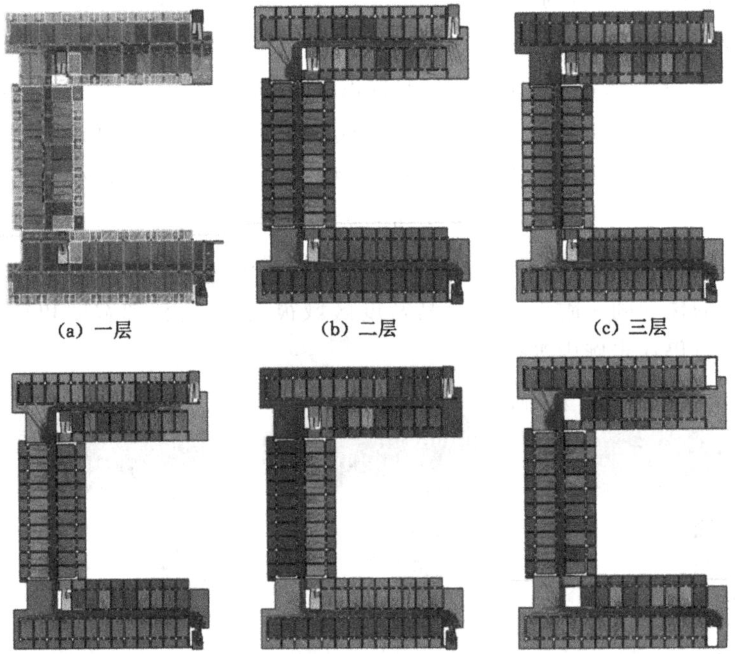

(a) 一层　(b) 二层　(c) 三层　(d) 四层　(e) 五层　(f) 六层

图 3-21　工况 3 宿舍楼各层人员疏散路径图

路径较长，部分人员沿着弯曲的路径前往楼梯口，体现了疏散过程中的拥挤现象。图中也显示出楼梯口的人员流动趋向集中，特别是在唯一开放的楼梯间的入口位置。人员从房间流向楼梯口时，必然会聚集，导致楼梯口出现局部的高密度现象。疏散过程中，楼梯间成了瓶颈区域，导致人员在这个区域内流动不畅。

图 3-22 是该工况下宿舍楼 3 个出口的人流量变化曲线。由图可见，出口 B 的人流量在初期迅速上升，很快达到高峰，表明在疏散初期，大部分人员选择通过出口 B 进行撤离，其人流量保持较高水平，说明其在疏散过程中承载了大量的人员流动，疏散过程中可能会出现拥堵。出口 C 的人流量也在初期迅速上升，说明一开始部分人员选择了出口 C 进行疏散，但它的使用率明显低于出口 B，且在 148.7 s 后再无人员通行。出口 A 的人流量较低，而且在 200 s 左右后就基本无人流量，说明其作用相对较小。

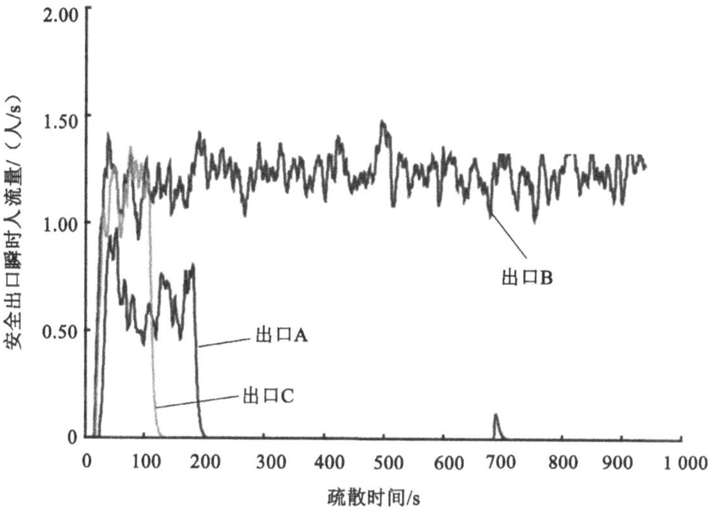

图 3-22 工况 3 宿舍楼 3 个安全出口的瞬时人流量变化曲线

3.4.4 小结

从 3 个工况的模拟可分析出楼梯数量对宿舍楼疏散效率有明显影响，统计数据见表 3-4。工况 1(使用 3 个楼梯)展示了相对均衡的人员分流情况，虽然楼梯间存在一定的拥堵，但疏散过程较为顺畅，人员通过不同楼梯间分散，避免了单一出口造成的过度拥堵，见图 3-23。工况 2(使用两个楼梯)中楼梯间 3 和楼梯间 4 关闭，导致疏散流量集中在楼梯间 1 和楼梯间 2。工况 3(仅使用一个楼梯)则最为极端，楼梯口的拥堵现象非常明显，人员高密度区域极大，疏散过程受限于单一楼梯的容量，导致疏散严重滞缓。总体来看，楼梯数量的减少导致疏散效率明显降低。

表 3-4 宿舍楼不同楼梯数量对人员疏散时间的影响

工况	可使用楼梯间数量	人员拥堵在楼梯间的持续时间/s	总疏散时间/s
1	3	414.1	688.0
2	2	552.3	692.5
3	1	820.0	936.8

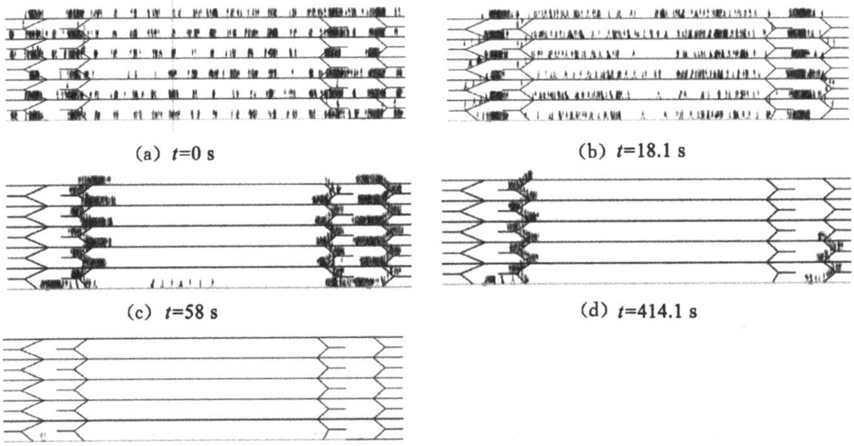

(a) t=0 s (b) t=18.1 s (c) t=58 s (d) t=414.1 s (e) t=688 s

图 3-23 工况 1 宿舍楼人员疏散全过程模拟图

根据图 3-24，可以看到不同工况下第六层楼梯口的人员密度变化，反映了楼梯数量对宿舍楼疏散效率的影响：

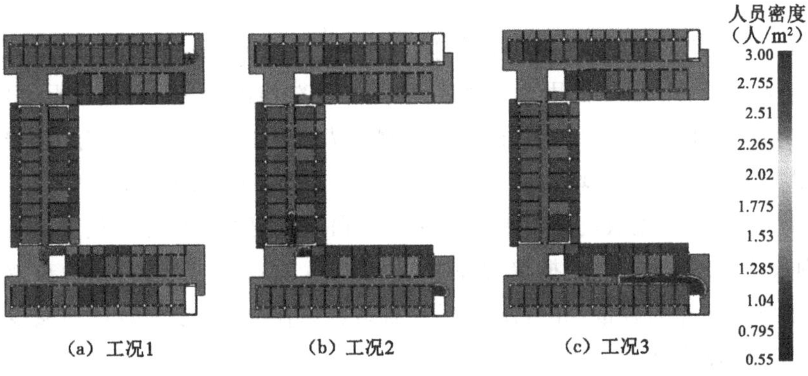

(a) 工况1 (b) 工况2 (c) 工况3

图 3-24 3 种工况下 126 s 时第六层人员密度对比图

① 在工况 1(使用 3 个楼梯)下，人员流动较为分散，通过楼梯间 1、楼梯间 2 和楼梯间 3 的人员密度相对均衡。整体疏散过程较为顺畅，人员能够通过多个楼梯间分流，避免了单一出口导致的过度拥堵。说明多个楼梯能够有效减轻拥堵问题，确保疏散过程的高效性。

② 在工况 2(使用 2 个楼梯)下，楼梯间 3 和楼梯间 4 关闭，导致疏散流量主要集中在楼梯间 1 和楼梯间 2。这使得楼梯口的人员密度增大，尤其是楼梯间

1 的高人员密度区域增加，表明楼梯口出现了较为严重的拥堵现象。相比于工况 1，楼梯数量的减少导致了流量的集中，人员流动受到了限制，疏散效率下降。

③ 在工况 3(仅使用 1 个楼梯)下，只有楼梯间 1 可用，所有人员必须通过这一单一楼梯进行疏散。由于仅有一个楼梯可用，楼梯口的人员密度非常高，图中显示了楼梯间 1 附近的人员密度急剧上升，表现出明显的拥堵现象。这种拥堵导致人员的疏散严重滞缓，整个疏散过程效率低下。

楼梯数量的减少影响了宿舍楼的疏散效率。工况 1 显示了多楼梯情况下的较为平稳的疏散过程，人员流动较为均衡；而工况 2 和工况 3 则分别由于楼梯数量减少而导致疏散流量的集中和拥堵，疏散效率明显降低。总体来说，楼梯数量的减少直接导致了疏散过程出现疏散瓶颈，而增加楼梯数量能够有效提高疏散效率，避免人员过度集中和疏散滞缓。

根据表 3-5，在工况 1 时，所有出口的通行时间处于较为合理的范围，说明此时楼梯数量足够支撑人员流动，人员能够顺畅疏散。在工况 2 和工况 3 中，楼梯数量减少导致疏散人流量的集中，这两种工况下出口 A 人员通行时间增加，证明楼梯数量的减少会影响疏散速度，尤其是出口 A 的疏散明显滞缓；出口 C 在工况 3 中展现出了较高的通行效率，表明在楼梯数量少的情况下，出口 C 仍能发挥重要作用。

表 3-5　不同楼梯数量下疏散时间

出口	工况	可使用楼梯间数量	通行时间/s
A	1	3	415.5
	2	2	692.5
	3	1	936.8
B	1	3	586.19
	2	2	692.5
	3	1	202.1
C	1	3	688.0
	2	2	619.5
	3	1	148.7

3.4.5 优化建议

根据以上分析，楼梯间数量和出口设计对宿舍楼的疏散效率具有重要影响。楼梯间数量的减少直接导致了疏散过程出现瓶颈，特别是在仅有一个楼梯间的情况下，疏散效率大大降低。为进一步提高宿舍楼的疏散效率，并确保人员在紧急情况下能够快速、安全地撤离，以下提出优化建议：

(1) 增加楼梯间数量及合理布局

根据疏散模拟数据分析，楼梯间的数量与疏散效率存在明显关联。在工况 1 使用 3 个楼梯时，所有人员完成疏散的时间为 688 s，楼梯间虽然出现一定程度的拥堵，但整体疏散过程相对较为顺畅；而在工况 2 使用两个楼梯和工况 3 仅使用一个楼梯时，完成疏散的时间分别延长至 692.5 s 和 936.8 s，体现出楼梯数量减少对人员疏散效率产生了明显的不利影响。因此，建议在现有 4 个楼梯的基础上进一步优化布局，适当增加楼梯数量或重新规划楼梯位置，使人员能更加均匀地分流，降低拥堵现象。同时建议在楼梯间增设应急广播和安全引导系统，快速引导人员选择不同楼梯，确保疏散更加有序。

(2) 具体分流与路径引导措施

模拟显示，工况 2 中楼梯间 3 和 4 关闭，使得楼梯间 1 和 2 承载了大部分人员，造成了 692.5 s 的较长疏散时间。为有效解决该问题，应在楼梯入口处、走廊关键节点以及宿舍区域入口处设置清晰的分流标识，标明每个楼梯所服务的区域或楼层范围，避免人员过多地集中于单个楼梯。同时，在楼梯入口和楼梯间内部增加明显的指示牌、疏散路径指示灯和地面导向线，明确不同疏散楼梯对应的最佳疏散路径，减少人员折返和迷失方向的情况。此外，可考虑在宿舍楼层的中部区域设置临时疏散通道，分散楼梯间的人员流量，缓解疏散高峰期的拥堵问题。

(3) 强化楼梯间及出口疏散能力

宿舍楼共有 3 个出口，分别为出口 A、出口 B 和出口 C。数据显示，出口 C 承担的疏散流量最大，疏散时间最长，如工况 2 时为 619.5 s，说明该出口承载能力接近极限。因此，建议对出口 C 进行扩宽改造或增设额外出口，以提升其疏散效率。出口 B 作为次要出口，也需要适当扩宽，并重新规划出口与楼梯间连接路径，减少人流交叉造成的拥堵问题。出口 A 由于距离楼梯较远、疏散人数较少，可通过强化标识系统和优化疏散路径，提高出口使用效率，减轻其他出口的压力。此外，各出口应安装紧急疏散指示标识及语音广播系统，提高出口利用率。

4 基于 Pathfinder 的学校办公楼安全疏散模拟研究

4.1 概述

4.1.1 研究背景及意义

随着学校建设规模的不断扩大和教育现代化的发展，学校办公楼作为行政管理、教学研究和师生交流的重要场所，其安全性能直接影响到校园的整体安全水平。近年来，由于建筑复杂化、人员密集度增加以及火灾等突发事件的不可预测性，办公楼的安全疏散问题成为高校安全管理的重要研究领域。

办公楼火灾疏散的研究涉及火灾动力学、人员行为模拟、安全工程等多个学科领域，研究重点包括疏散时间预测、出口配置优化、人员行为响应及火灾烟气影响等。传统的火灾安全评估方法主要依赖于经验分析或小规模实验，而近年来计算机模拟技术的发展为火灾疏散研究提供了更科学、精确的分析工具。其中，Pathfinder 软件是一款基于智能代理的人员疏散模拟工具。利用 Pathfinder 软件进行办公楼疏散模拟，可以实现火灾场景下的动态疏散过程仿真，量化分析疏散时间、人员流动瓶颈以及不同疏散策略对疏散效率的影响，从而为办公楼的安全设计、消防设施优化及应急管理提供科学依据。

(1) 办公楼火灾事故原因分析

回顾全国教学楼火灾典型案例(见表 4-1)，办公室火灾的发生通常是多种因素共同作用的结果。综合分析，其火灾主要原因可归纳为以下几个方面：

表 4-1　全国办公楼典型火灾案例

时间	火灾发生地点	火灾发生原因	伤亡损失情况
2023-11-16	山西省吕梁市永聚煤业有限公司办公楼	电气线路短路	26 人死亡,38 人受伤
1996-11-20	香港九龙嘉利大厦	焊接作业引燃电梯井内可燃物	41 人死亡,80 人受伤
2009-02-09	在建的中央电视台文化中心	未经批准的烟花燃放引发火灾	1 名消防员死亡,多人受伤
2017-12-01	天津市河西区友谊路与平江道交口城市大厦	烟蒂等遗留火源引发火灾	10 人死亡,5 人受伤
2022-11-21	河南省安阳市凯信达商贸有限公司厂房	企业业主在一层仓库内违法违规电焊作业时引发火灾	42 人死亡、2 人受伤
2022-09-16	湖南省长沙市中国电信股份有限公司长沙分公司荷花园大院第二长途电信枢纽楼	未熄灭的烟头引发火灾	无人员伤亡,外墙过火面积约 3 600 m^2、室内过火面积约 400 m^2

① 电气设备故障

办公楼的正常运行高度依赖各种电子设备,电力系统的稳定性和安全性对于防止火灾至关重要。然而,由于办公楼的用电需求较高,电气线路复杂,供电系统长期处于高负荷运行状态,极易出现线路老化、短路、过载等问题。在老旧办公楼中,电缆的老化和绝缘层损坏往往未能及时得到维护,增加了火灾风险。此外,办公楼的机房和服务器室通常汇集了大量高功率电子设备,如数据存储服务器、大型交换机和空调散热设备等。这些设备的连续运行会导致温度上升,而如果散热系统不足,则可能引发设备过热,最终导致电缆短路或设备自燃。在某些办公楼,员工私拉乱接电线、在同一插座上连接多个大功率设备、违规使用电暖器和热水壶等现象也较为普遍,这些行为都极大增加了电气火灾的风险。例如,2023 年 3 月,湖北省恩施某大厦办公室发生火灾,起火原因是工作人员未断开电源,插线板电器线路故障引燃周围可燃物。

② 可燃物堆积

办公楼内部存放大量易燃物品,包括纸张、文件、办公家具、塑料制品、窗帘、地毯等,这些物品一旦起火,燃烧速度快,火势易迅速蔓延。例如,打印机和复印机周围通常存放着大量纸张,而设备在长时间运行后可能出现过热现象,一旦温度过高或遇到电火花,就可能引燃周围的可燃物。此外,部分办公楼的垃圾房、档案室、复印室等区域可燃物存放密集，且管理不善，增加了火灾发生的可能性。另一方面，办公楼装修时为了美观和舒适，通常使用大量装饰材料，如聚氨酯泡沫、塑料墙板、PVC 地板等，这些材料在火灾发生时不仅易燃，还会释放出大量有毒烟雾，使人员在短时间内失去行动能力，导致严重人员伤亡。例如，2024 年 9 月，山东省齐河县财政局大楼发生火灾，起火物为铝塑板材料。

③ 建筑防火设计缺陷

办公楼的建筑设计对于火灾的防控起着至关重要的作用。然而，在一些老旧办公楼中，建筑防火设计存在明显缺陷，例如防火分区设置不合理、消防通道不畅、疏散楼梯不足等。这些缺陷在火灾发生时，会严重影响人员逃生，增加火灾的危害性。对于高层办公楼而言，火灾发生时，垂直疏散路径较长，而电梯通常会因安全考虑停止运行，导致人员必须依赖楼梯疏散。然而，一些办公楼的楼梯间设计不符合规范，楼层之间没有合理的防火门隔离，导致烟雾迅速进入疏散通道，使得逃生者因浓烟窒息，增加伤亡风险。部分办公楼的消防设施长期缺乏维护，例如灭火器过期、火灾报警器失效、自动喷淋系统无法正常启动等问题频繁出现。

④ 违规操作与违章作业

在办公楼的日常运营和维护中，人员的违规操作和违章作业是引发火灾的重要因素之一。例如，未经授权的电气维修、私拉乱接电线、违规使用明火、在禁烟区域吸烟等行为，都可能直接导致火灾的发生。此外，在办公楼的装修或维修过程中，如果施工人员未严格遵守消防安全规定，进行电焊、气焊等高温作业时未采取必要的防火措施，也可能引发火灾。

（2）学校办公楼疏散难点分析

① 人员密度高且流动性强

学校办公楼不同于企业办公楼，其人员流动性更大，且不同时间段的人员密集度差异较为明显。除长期在办公楼内工作的教职员工外，还会有大量学生进入办公楼。此外，一些办公楼可能设有学术会议中心、教师休息区、研究生工作室等功能区，使得整个建筑内的人员构成更为复杂。特别是在学期初、考试周或学术会议期间，办公楼内的人员流动性剧增，在突发情况下容易因信息传递不及时、出口拥堵等问题导致疏散延迟[99]。

由于学校办公楼通常允许师生和访客出入，许多人对建筑的结构和逃生路线并不熟悉。一旦发生火灾，部分人员可能会因缺乏逃生经验、不熟悉建筑布局而选择错误的逃生路径，增加疏散难度。例如，部分实验楼的科研人员长期在实验室工作，对行政办公区的疏散通道并不熟悉，而学生进入办公楼的目的多为短暂事务处理，在突发火灾时可能无法迅速找到安全出口。

② 疏散通道受限，出口设置不足

在现代办公楼设计中，合理的疏散通道和足够的安全出口是确保人员安全撤离的关键。然而，一些学校办公楼因历史原因或空间限制，疏散通道的设置未能充分满足紧急情况下的需求。例如，部分老旧办公楼的疏散楼梯数量不足，且宽度较窄，在大量人员同时疏散时容易造成拥堵。此外，由于学校办公楼的主要使用者为教职员工，其日常活动范围相对固定，因此部分疏散通道可能被长时间闲置甚至被占用，如办公区走廊放置办公家具、资料柜、打印机等，使得紧急情况下的人员通行受到影响。

除了楼梯通道的受限外，办公楼的安全出口数量和分布也可能影响疏散效率。部分老旧办公楼仅设有主出入口，而缺少辅助出口，使得在紧急情况下，所有人员都集中于单一疏散通道，极易发生人员拥挤和踩踏事故。此外，部分办公楼虽然设有安全出口，但由于日常管理问题，安全门可能被锁闭或通道长期被杂物占据，在火灾发生时无法正常使用，进一步增加了人员撤离的难度[100]。

③ 高层疏散受限，垂直疏散难度大

随着高校办公楼建设的现代化发展，越来越多的学校办公楼被设计为多层或高层建筑。然而，在火灾等突发情况下，高层建筑的疏散难度远高于低层建筑。首先，在火灾发生时，电梯通常会因安全原因自动停运，所有人员必须通过楼梯进行垂直疏散。然而，高层楼梯间的防烟能力有限，当火灾发生后，浓烟可能迅速充满疏散楼梯，使得人员难以正常通行。此外，由于高层办公楼的人员密度较大，楼梯通道的疏散能力有限，一旦发生火灾，人员在高楼层的疏散时间将延长，增加了火灾中的人员伤亡风险。在部分学校办公楼中，由于缺乏有效的避难层，高层人员在疏散过程中可能因烟雾和热气流的影响而被困。

4.1.2 国内外研究现状

(1) 国外研究现状

火灾疏散过程中，人员的行为对疏散效率有着直接的影响。研究表明，人员在疏散初期的反应、选择逃生路径的决策以及与他人合作的行为都可能影响整个疏散过程的时间。Kuligowski 等[101]通过对美国某 32 层高层办公楼的火灾疏散数据分析发现，火灾初期的等待时间、寻求信息等行为延长了疏散时间，尤其是当建筑的疏散指引系统不清晰时。此外，性别、年龄、健康状况等个体差异也会影响人员的反应速度。例如，研究表明，年龄较大的人员和有残疾的人群往往在疏散过程中需要更多时间来适应火灾的应急反应[88]。此外，随着高层办公楼的建筑复杂性增加，人员的疏散行为模式也趋于多样化。例如，在高密度环境下，人员之间的相互影响可能导致拥堵和挤压，进而影响疏散效率。

高层建筑的设计直接影响到人员疏散的效率。建筑的物理特性，如楼梯宽度、通道布局、楼层与楼层之间的连接方式等，都会对疏散过程造成影响。研究表明，楼梯宽度不足、楼层之间的距离过远或疏散通道设计不合理，都可能导致火灾疏散时的严重拥堵，从而延长疏散时间，增加人员受伤甚至死亡的风险。例如，位于伊斯坦布尔的高层办公楼疏散模拟研究表明，建筑的楼梯和电梯的使用对疏散时间有直接影响，尤其是在火灾发生时，电梯是否能够作为疏散工具将决定大量人员的生命安全[102]。此外，建筑的结构设计，如平台、避难层的设置，也对疏散效率产生重要影响。研究表明，合理设置的避难平台不仅可以提高人员的安全性，还能够缓解疏散通道的拥堵问题，从而提高整体的疏散效率。

随着计算机技术的发展，基于先进的疏散模拟软件的研究已成为火灾安全设计的重要工具。诸如 PyroSim、Pathfinder 等软件，能够模拟火灾发展过程中烟雾的蔓延、温度的变化以及人员的疏散路径。这些工具的应用使得研究人员能够在虚拟环境中测试不同的疏散策略，进而为实际建筑设计提供科学依据。例如，Xu 等[63]利用 PyroSim 模拟了大学建筑的火灾疏散过程，研究结果表明，不同的火灾源位置会影响人员的疏散路径和疏散时间。在该研究中，模拟还考虑了疏散过程中烟雾层高度、可见度和温度等因素，帮助预测在不同火灾情境下的疏散效果。类似的，基于 Pathfinder 的人员疏散模拟已被广泛应用于高层建筑、大学校园、商业中心等不同类型的建筑火灾疏散研究中，为疏散策略的优化提供了强有力的工具支持。

火灾风险评估和疏散策略优化是近年来研究的热点领域。研究人员通过对火灾过程的模拟，结合疏散路径、人员流动等数据，提出了多种优化方案。通过这些优化方案，建筑设计者和安全管理者可以有效地减少疏散时间，降低火灾中的人员伤亡风险。例如，Gao 等[103]通过 BIM 和 Pathfinder 等软件模拟了大学建筑群的火灾疏散过程，并优化了疏散策略，减少了 15%～20%的疏散时间。研究还指出，夜间的疏散时间最短，而午餐时段则因学生分布较为集中，疏散时间最长。因此，制订合理的疏散计划应考虑到人员的分布、疏散通道的布局以及不同时间段的疏散效率，以避免在高密度时段发生拥堵。

(2) 国内研究现状

国内对办公楼火灾疏散的研究主要集中在火灾风险评估、疏散模拟、人员行为特征及消防设施优化等方面。近年来,随着高层建筑的快速发展,研究重点逐渐向高层办公建筑的疏散优化、火灾烟气控制、人员行为心理以及应急救援策略等方向拓展。

办公楼火灾的风险评估是火灾安全研究的基础,国内研究者围绕火灾负荷、火灾发展特性、建筑结构风险等方面展开了大量研究。例如,崔洪旭[104]基于工程管理方法构建了办公楼火灾风险的定量评估模型,并提出了基于建筑防火设计、消防设施配置和人员管理的改进策略。该研究强调了建筑布局、内部可燃物种类、人员密度和消防设施完备程度等因素对火灾风险的影响,为办公楼火灾风险评估提供了系统性的框架。

在火灾荷载与可燃物特性研究方面,李利敏[105]采用实验方法测定了办公建筑常见可燃物(如办公家具、地毯、装饰材料等)的燃烧特性,并通过热重分析(TGA)和差示扫描量热法(DSC)研究了不同材料的燃烧速率、最大失重速率及热释放特性。研究发现,办公建筑内部的可燃物热释放速率较高,特别是塑料制品和木质家具,在火灾初期阶段便可形成较高温度和大量烟气,增加了人员疏散的难度。

火灾动力学模拟与人员疏散仿真是当前办公楼火灾安全研究的重要方向,研究者们利用 FDS(fire dynamics simulator)、Pathfinder、PyroSim 等数值模拟工具,分析办公楼火灾烟气蔓延及人员疏散行为,为优化疏散方案提供数据支持。黄有波等[106]利用 FDS 软件模拟办公楼火灾发生后的烟气扩散情况,并结合 Pathfinder 建立人员疏散模型,研究了不同火灾场景下疏散时间、人员流动瓶颈及疏散路径选择对疏散效率的影响。研究发现,办公楼内部疏散的最大障碍是烟气对能见度的影响,烟气导致的低能见度已经严重影响人员逃生,远高于温度和毒性气体对人员的威胁。

在高层办公建筑疏散模拟方面,陶松[107]基于问卷调查数据,分析了高层办公建筑人员对消防设施的认知程度及火灾发生时的心理反应。研究结果表明,大多数办公人员在火灾初期会依赖熟悉的出口,而不是最近的安全出口,导致疏散效率下降。此外,模拟结果表明,高层办公楼中较低楼层的人员疏散时间远短于高层楼层,提示建筑设计应优化竖向疏散路径。

此外,张小英等[108]模拟了火灾情况下楼梯和通道内的人员流动特性,研究了不同人口密度和出口配置下的疏散时间。该研究发现,在高层建筑火灾中,楼梯间的人员流动易受狭窄通道和相互推挤影响，导致流速下降，建议在疏散设计中增加宽阔的中间休息平台和合理的出口分布。

优化消防设施配置和提升应急管理能力是提升办公楼火灾安全的关键。黄文诺[109]利用 PyroSim 和 Pathfinder 进行火灾烟气模拟和疏散分析，研究了机械排烟系统和喷淋系统在火灾中的作用。研究发现，机械排烟系统的正常运作对上层人员的安全疏散至关重要，而单一系统失效可能导致无法安全疏散。因此，优化消防设施布局，提高系统冗余度，是保障高层办公楼火灾安全的有效措施。

在办公楼火灾应急管理方面，楚航[100]提出了基于风险评估的高校火灾应急管理流程，并采用 AnyLogic 软件进行仿真分析。研究表明，基于实时监测数据的智能疏散系统可以提高疏散效率，而定期消防演练对提升人员火灾应急反应能力至关重要。

4.2 Pathfinder 疏散场景建立

4.2.1 学校办公楼模型建立

该办公楼建筑面积为 9 771.7 m^2，建筑高度为 16.64 m，共 4 层，是多层公共建筑，为科研、教学及行政管理等工作场所。第一层建筑面积为 2 449.94 m^2，设置 13 个实验室、2 个材料加工室、2 个材料室。第二层和第三层建筑面积为 2 451.94 m^2，其中第二层有 12 个实验室、3 个教研室、1 个观察室以及 1 个库房，第三层有 17 个实验室、1 个试剂储存间、4 个办公室。第四层面积为 2 451.88 m^2，有 11 个教研室、12 个办公室、3 个会议室、4 个档案室、2 个保密室、3 个科室、1 个双创室。该学校办公楼的 Pathfinder 模型见图 4-1。

图 4-1 学校办公楼 Pathfinder 模型图

4.2.2 学校办公楼人员设置

本模型根据《办公建筑设计标准》(JGJ/T 67—2019)[79]计算建筑的人员密度及人员数量,分别见表 4-2 及表 4-3。

表 4-2 学校办公楼人员密度标准

办公建筑	普通办公室	实验室	教研室
人员密度/(m^2/人)	6	7	9

表 4-3 学校办公楼疏散人员分布情况

楼层	1F	2F	3F	4F
人数	224	219	234	264

该学校办公楼楼内人员多为大学老师和大学学生,年龄在 18～50 岁,共 941 人。人员设定男女比例为 6∶4。参考《中国成年人人体尺寸》(GB/T 10000—2023)[110]和《消防安全工程 第 9 部分:人员疏散评估指南》(GB/T 31593.9—2015)[98],设置男性人员疏散参数如表 4-4 所列,设置女性人员疏散参数如表 4-5 所列。

表 4-4 学校办公楼男性人员疏散仿真参数设定

男性特征参数	取值
平地逃生速度/(m/s)	1.6
楼梯逃生速度/(m/s)	0.85
平均肩宽/cm	44～47
身高/cm	168～178

表 4-5 学校办公楼女性人员疏散仿真参数设定

女性特征参数	取值
平地逃生速度/(m/s)	1.5
楼梯逃生速度/(m/s)	0.78
平均肩宽/cm	37～41
身高/cm	155～165

4.3 楼梯宽度对疏散效率的模拟分析

该学校办公楼共 3 个楼梯，位置如图 4-2 所示。分别设置 3 个楼梯的宽度为 0.8 m、1.2 m 和 1.5 m 作为 3 个工况，来模拟及分析不同楼梯宽度对人员疏散的影响。学校办公楼一层安全出口布局如图 4-3 所示，设有 1 号门、2 号门、3 号门及正门。其中，正门位于中央，作为主要通道，1 号门位于建筑东北侧，2 号门与 3 号门分布在西侧不同位置。

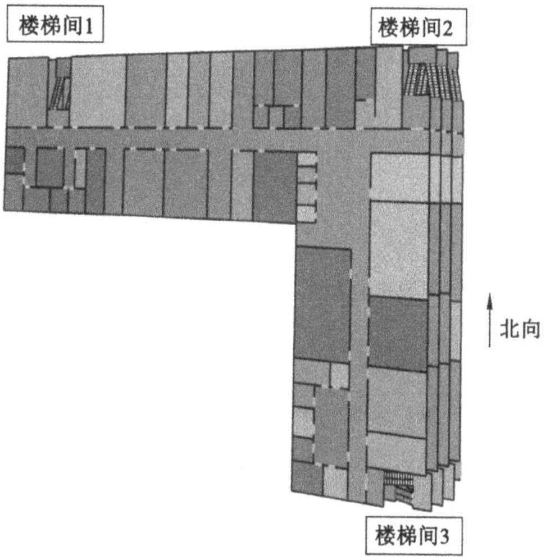

图 4-2 学校办公楼楼梯间布局示意图

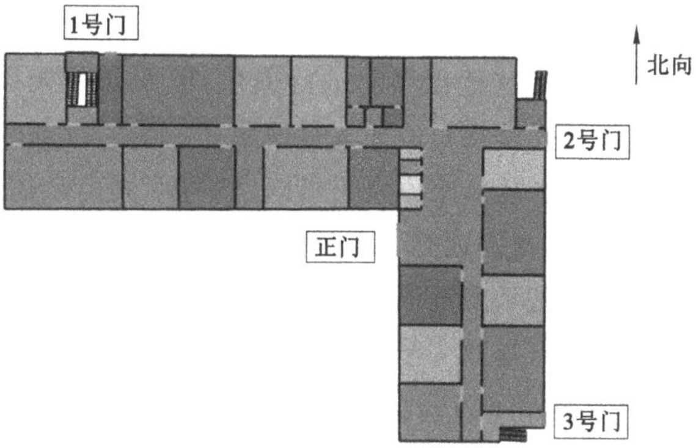

图 4-3 学校办公楼一层安全出口布局示意图

4.3.1 工况 1:3 个楼梯的宽度均为 0.8 m

该工况设置 3 个楼梯宽度均为 0.8 m,通过仿真模拟进行了疏散分析。图 4-4显示了该工况下疏散过程中人员数量随时间的变化曲线,两条曲线分别代表剩余在建筑内的人员数量和已疏散至安全区域的人员数量。由图可见,工况 1 条件下全员疏散所需时间为 470.3 s。

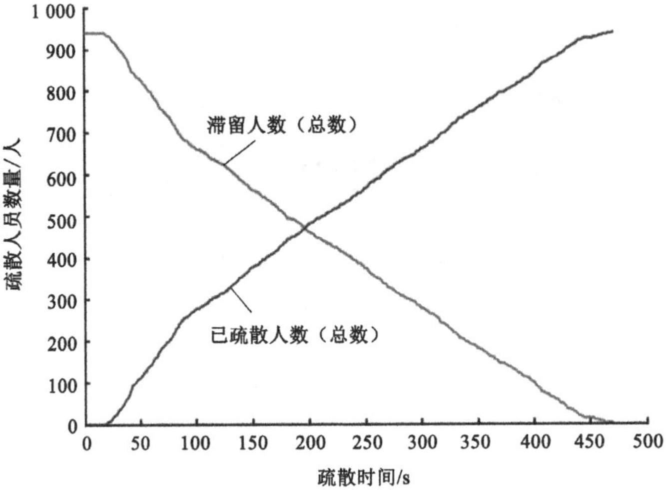

图 4-4 工况 1 学校办公楼人员疏散动态变化曲线

图 4-5 为学校办公楼在不考虑障碍物、房间门口全部敞开且人数处于饱和状态下的疏散人员密度图(60 s 时)。从图中可以看出,二层、三层和四层的人员在楼梯口高度集中,楼梯间的人员密度达到了最大值 3 人/m^2。在疏散过程中,少部分人员会选择前往其他楼梯间进行逃生,但大部分人员趋向于选择最近的楼梯口,各楼层的主要楼梯口成为人员聚集和拥堵的重点区域。

对于一层的人员,人员从 4 个安全出口疏散,但不同出口的人员密度不同,1 号、2 号和 3 号门的人员密度远高于正门,呈现出拥堵状态。楼上的部分人员通过楼梯到达一层后,也基于就近原则选择 1 号、2 号和 3 号门逃生,仅有少部分人员选择通过正门撤离,导致 1 号、2 号和 3 号门呈拥堵状态,而正门的人员流量明显较少。图 4-6 显示了各安全出口人员疏散动态变化曲线。从图中可以看出,1 号门是通过人数最多的出口,共有 308 人疏散;其次为 2 号门,通过人数为 256 人;正门尽管宽度最大,但通过人数仅为 192 人,远低于 1 号门和 2 号门

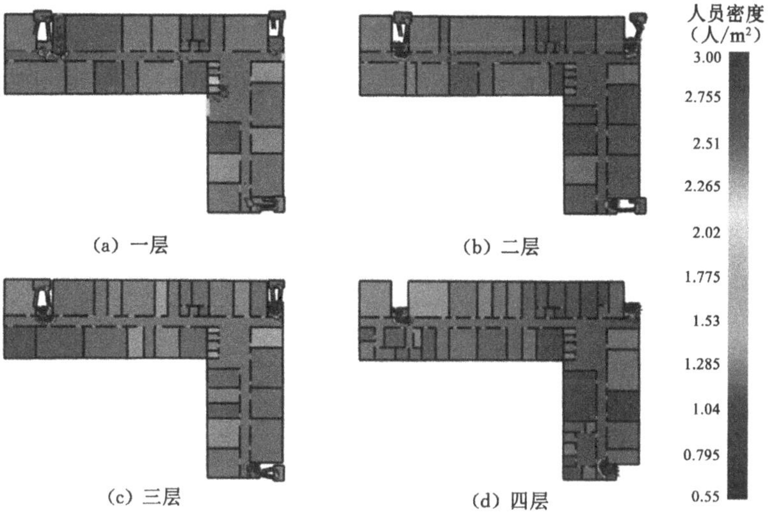

图 4-5　工况 1 学校办公楼 60 s 时各层疏散人员密度图

的水平;3 号门通过人数最少,仅为 183 人。可见,1 号门疏散效率最高,2 号门次之,3 号门使用率最低,且疏散人数最少,正门未充分利用。上述数据表明,尽管正门在设计上具有更大的通行能力,但其实际使用率偏低。

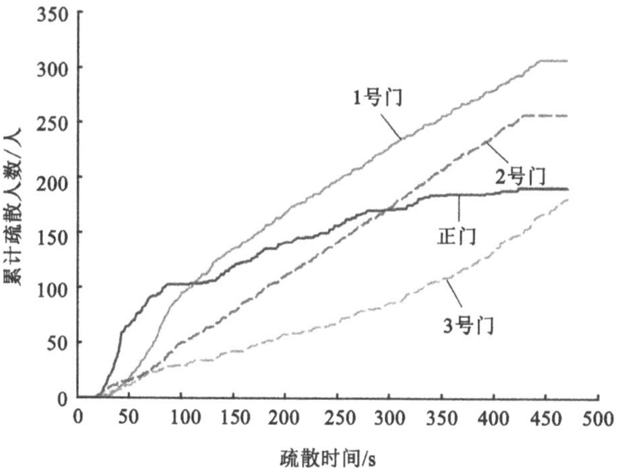

图 4-6　工况 1 学校办公楼各安全出口人员疏散动态变化曲线

4.3.2 工况 2:3 个楼梯的宽度均为 1.2 m

该工况设置 3 个楼梯宽度均为 1.2 m,通过仿真模拟进行了疏散分析。图 4-7 展示了疏散时间与人数的关系曲线,两条曲线分别代表剩余在建筑内的人员数量和已疏散至安全区域的人员数量。由图可见,整个疏散过程耗时 372 s,整体人员疏散效率高于工况 1。

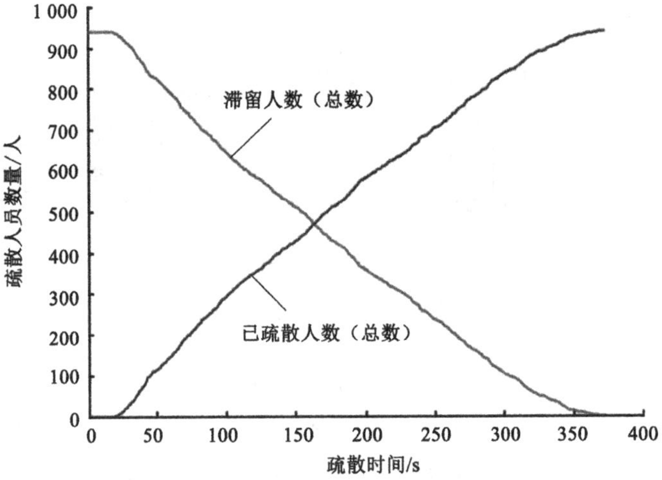

图 4-7 工况 2 学校办公楼人员疏散动态变化曲线

图 4-8 为学校办公楼在无障碍物、人数饱和、全部房间门口敞开的条件下,60 s时各楼层的疏散人员密度分布图。由图可知,60 s 时一层人员已大部分疏散,而二层、三层及四层的人员仍高度集中在楼梯口,密度达到了最大值 3 人/m^2。这表明疏散初期人员撤离房间的效率较高,但疏散瓶颈集中于楼梯口处。由于楼梯通行能力有限,楼梯口成为人员密度的峰值区域,楼层越高,楼梯口的拥堵现象越明显。

图 4-9 展示当前工况下 4 个安全出口人员疏散动态变化曲线。由图可见,1 号门的累计疏散人数最多,为 348 人,是本工况下疏散最为主要的通道;2 号门次之,通过人数为 236 人;正门虽有最大的宽度,但实际通过人数仅为 214 人,表明正门的使用率未达到设计预期;3 号门累计疏散人数最少,仅为 197 人,使用效率最低。

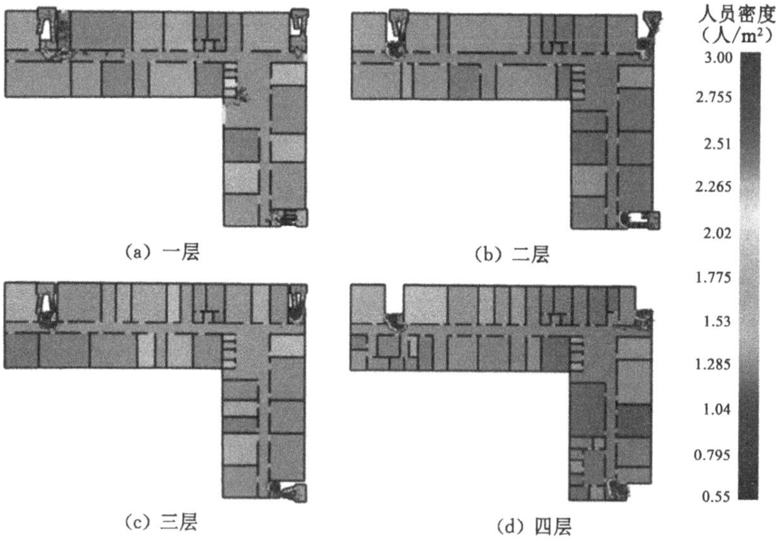

图 4-8 工况 2 学校办公楼 60 s 时各层疏散人员密度图

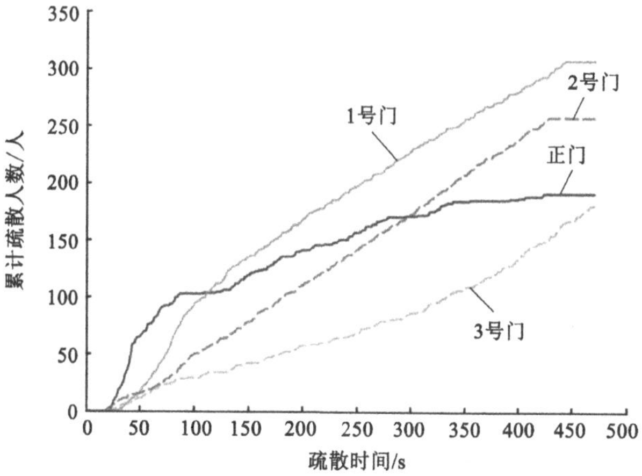

图 4-9 工况 2 学校办公楼各安全出口人员疏散动态变化曲线

4.3.3 工况 3:3 个楼梯的宽度均为 1.5 m

该工况设置 3 个楼梯宽度均为 1.5 m,通过仿真模拟进行了疏散分析。图 4-10展示了疏散时间与人数的关系曲线。由图可见,全体人员疏散用时

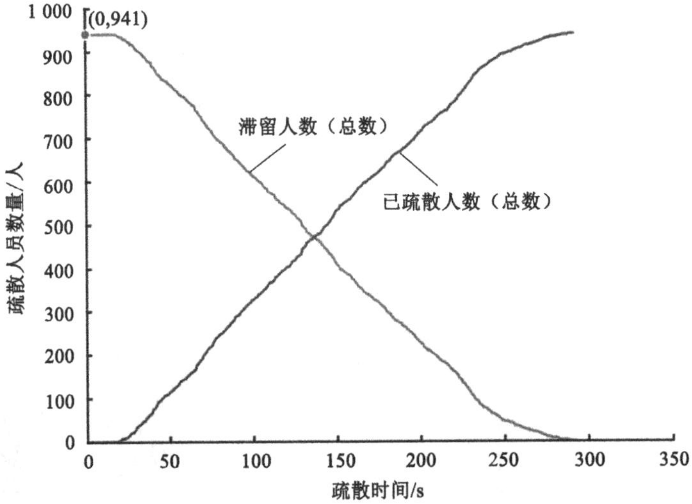

图 4-10　工况 3 学校办公楼人员疏散动态变化曲线

291.3 s，相对于前两个工况用时最少。疏散曲线斜率较大，表明在疏散的初期和中期，人员通过楼梯的速度较快，避免了人员在走廊和楼梯口的长时间停留。

图 4-11 为学校办公楼在人数饱和且房间门完全敞开的条件下，于 60 s 时各层的疏散人员密度分布情况。由图可见，此时一层大部分区域的人员已经成

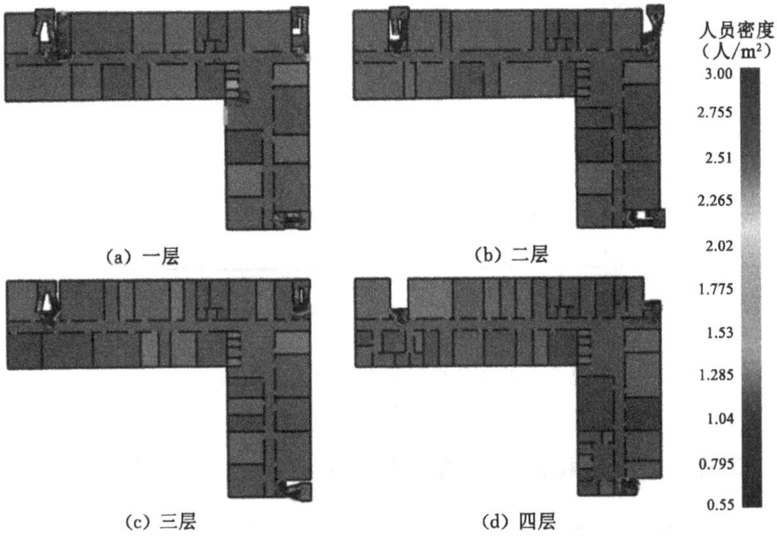

图 4-11　工况 3 学校办公楼 60 s 时各层疏散人员密度图

功疏散，房间内几乎没有滞留人员，在靠近楼梯的位置有少量人员滞留。相比一层，二层至四层的楼梯口出现了明显的人员拥堵，密度达到了最大值3 人/m^2。人员高密度区域集中在楼梯入口处，表明大量人员在疏散过程中由于楼梯的通行能力受限而聚集在此。楼梯宽度的增加直接改善了疏散效果，与前两个工况的楼梯宽度相比，1.5 m 的楼梯宽度为人员提供了更充裕的通行空间，楼梯通行能力提高。

图 4-12 展示了该工况下 4 个出口的疏散时间与累计疏散人数的关系。从图中可以看出，1 号门承担了最多的疏散人数，共有 350 人通过，占总疏散人数的主要部分，说明 1 号门在疏散过程中是主要的通行出口；2 号门通过人数为 249 人，仅少于 1 号门，有较好的分流作用；正门尽管宽度是最大的，但其通过人数仅为 197 人，少于 1 号门和 2 号门，说明正门的利用率相对较低；3 号门通过人数为 145 人，是利用率最低的出口。

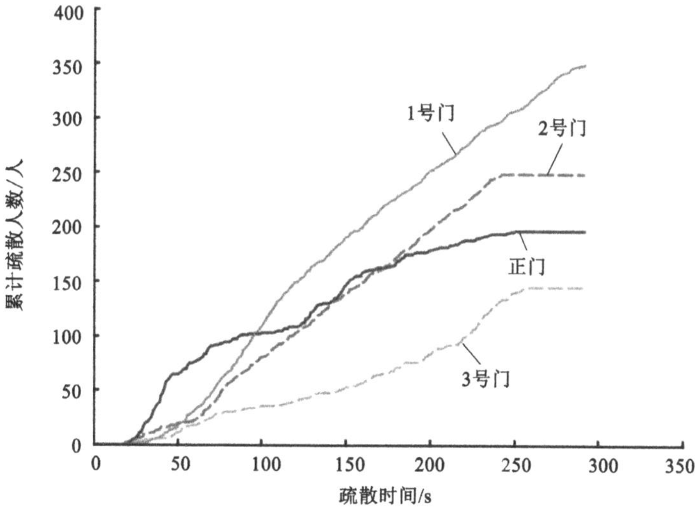

图 4-12　工况 3 学校办公楼各安全出口人员疏散动态变化曲线

4.3.4　小结

本章通过模拟分析了学校办公楼在 3 种楼梯宽度条件下的人员疏散情况，即楼梯宽度为 0.8 m、1.2 m 和 1.5 m 的三种工况，其疏散时间结果如表 4-6 所列。分析结果表明，楼梯宽度与疏散时间呈负相关关系，即楼梯宽度越大，疏散时间越短。

表 4-6 学校办公楼不同楼梯宽度对人员疏散时间的影响

工况	楼梯宽度/m	疏散时间/s
1	0.8	470.3
2	1.2	372.0
3	1.5	291.3

(1) 楼梯宽度对疏散的影响

在工况 1(楼梯宽度为 0.8 m)中,疏散时间为 470.3 s,在 3 种工况中疏散时间最长。模拟结果显示,楼梯宽度限制了人员流动,导致大量人员在楼梯口形成拥堵,特别是二层及以上楼层的楼梯口,其人员密度达到最大值 3 人/m^2,延长了疏散时间。同时,1 号门、2 号门、3 号门由于离房间相对较近,被大量人员选择,形成严重拥堵,而正门使用率低。

在工况 2(楼梯宽度为 1.2 m)中,疏散时间减少至 372.0 s,相较工况 1 有明显改善。楼梯通行能力得到了提升,拥堵现象有所缓解,疏散效率提高。二层至四层楼梯口仍为人员密集区域,但拥堵程度相比工况 1 有所减轻。1 号门和 2 号门仍为主要出口,但拥堵现象相较工况 1 有所减少;正门的使用率虽有所提高,但仍未充分发挥作用。

在工况 3(楼梯宽度为 1.5 m)中,疏散时间进一步缩短至 291.3 s,为 3 种工况中最短。模拟结果显示,加宽楼梯提升了人员的通行效率,减少了人员在走廊及楼梯口的停留时间,避免了长时间的拥堵现象。二层至四层的楼梯口虽仍为密集区域,但拥堵程度明显降低。1 号门、2 号门和正门的分流效果增强,人员流量分布更加均匀,拥堵风险进一步减小。

4.3.5 优化建议

(1) 增加楼梯宽度及合理布局

通过疏散模拟数据可知,楼梯宽度对疏散效率的影响非常明显。在楼梯宽度分别为 0.8 m、1.2 m 和 1.5 m 的情况下,学校办公楼全员疏散所需时间分别为 470.3 s、372 s 和 291.3 s。因此建议在条件允许的情况下进一步拓宽楼梯间宽度至 1.5 m 以上,或在原有布局基础上增设新的楼梯通道,以增强楼梯的疏散承载能力。同时建议优化楼梯位置分布,分散设置于建筑的不同位置,以便人员能够更加均匀地使用各个楼梯,降低特定区域人员高度集中造成的疏散瓶颈。

(2) 加强疏散引导系统

模拟数据显示，楼梯口和出口区域的人员拥堵问题普遍存在，特别是在楼梯宽度较窄的工况 1 中，人员密度最高可达 3 人/m^2，显著降低了人员疏散效率。建议在楼梯口、走廊、各个安全出口等关键节点增加明确的疏散指示标识，尤其要明确各出口对应的楼层或房间范围，以避免人员聚集。同时，应设置电子疏散指示屏或智能引导装置，动态指示人员实时疏散路径，快速有效地引导人员疏散，降低盲目拥堵及人员折返的概率。

(3) 优化安全出口使用效率

根据模拟数据，学校办公楼出口使用效率存在显著差异，如工况 1 中，1 号门疏散人数最多，达到 308 人，正门虽宽度最大却仅疏散 192 人，远少于 1 号和 2 号门。为提高安全出口的整体疏散效率，应加强正门的疏散引导设计，增设明显的指示标识以及动态引导系统，使正门充分发挥其设计宽度的优势。建议同时优化 1 号门、2 号门及 3 号门的出口引导标识，进一步实现人员的合理分流。

(4) 优化一层公共区域布局

一层各个安全出口分布相对均匀，但实际疏散过程中，1 号门、2 号门及 3 号门承载了大部分疏散人员，正门使用不足。建议重新优化一层公共区域布局，合理调整公共设施及家具位置，避免人员疏散时流动交叉现象，增设临时缓冲区或疏散安全区，降低因局部拥堵造成的风险。此外，可增设更多的应急疏散指示标线，引导人员在火灾初期即合理分流至不同出口。

(5) 强化疏散训练及教育

模拟过程中出现的人员拥堵和疏散路径选择不当的现象与人员平时疏散知识不足密切相关。建议定期进行学校办公楼专门的消防安全疏散演练与培训，尤其强调对楼梯宽度、布局、出口位置的熟悉程度。可通过虚拟现实技术和现场实操训练相结合的方式，确保工作人员能够在实际火灾发生时，迅速准确地判断最优疏散路径，减少紧急情况下的盲目性。

(7) 优化人员密度高区域的防火分区设计

根据模拟数据，人员密度在楼梯间区域较高，尤其是楼梯宽度为 0.8 m 时，人员密度达到最高值 3 人/m^2，容易引发踩踏风险。因此，建议加强学校办公楼的防火分区措施，在二层以上的楼梯间附近增设防火隔墙、防火门，减少楼梯间附近区域的人员集中程度，确保人员能够迅速、安全地进入楼梯。此外，在楼梯间内还可安装防滑材料及防挤压设施，降低人员跌倒或踩踏的潜在风险。

4.4 一层安全出口数量对疏散效率的模拟分析

本节在学校办公楼一层设置了 4 种不同的出口组合，见图 4-13：工况 1 为仅开放正门，工况 2 为同时启用正门与 1 号门，工况 3 为同时开放正门、1 号门与 3 号门，工况 4 为同时开放正门、1 号门、2 号门与 3 号门。

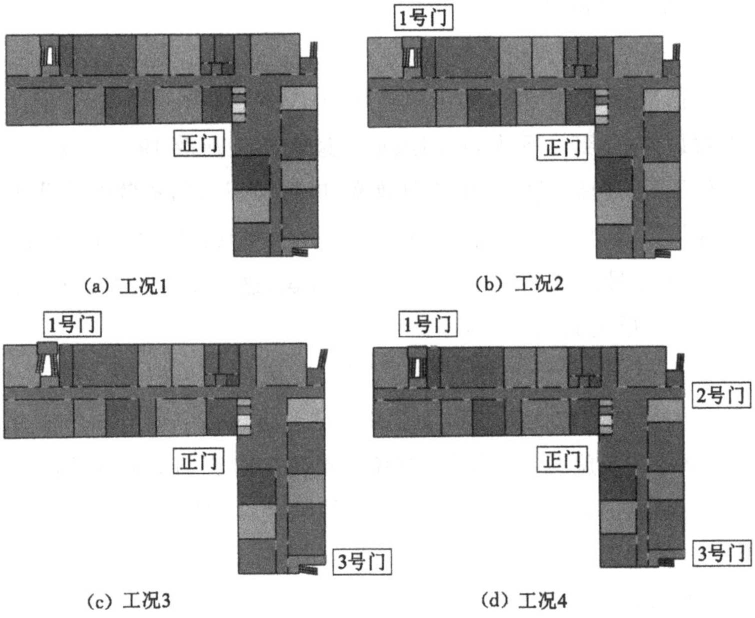

图 4-13 学校办公楼一层安全出口数量不同的 4 种工况

4.4.1 工况 1：一层有 1 个安全出口

本工况为仅设置 1 个安全出口(正门)，通过仿真模拟进行了疏散分析。其疏散人数随时间变化的曲线如图 4-14 所示。由图可以看出，疏散全部完成的时间为 343.8 s，整体疏散效率较低，尤其是在疏散后期，存在明显的人员滞留和通行缓慢现象。

图 4-15 展示了在无障碍物、人数饱和、所有房间门口敞开的条件下，60 s 时各楼层的疏散人员密度分布情况。从图中可以看出，二层、三层和四层的疏散人员主要集中在楼梯入口区域，密度达到了最大值 3 人/m^2，呈现出明显的拥堵

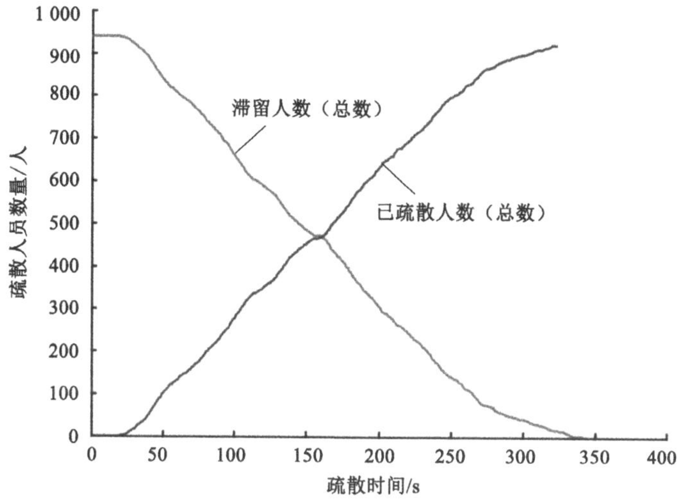

图 4-14　工况 1 学校办公楼人员疏散动态变化曲线

状态；一层在主要出口的大门处出现了大规模的人员聚集现象，形成疏散瓶颈，延缓了整体疏散过程。

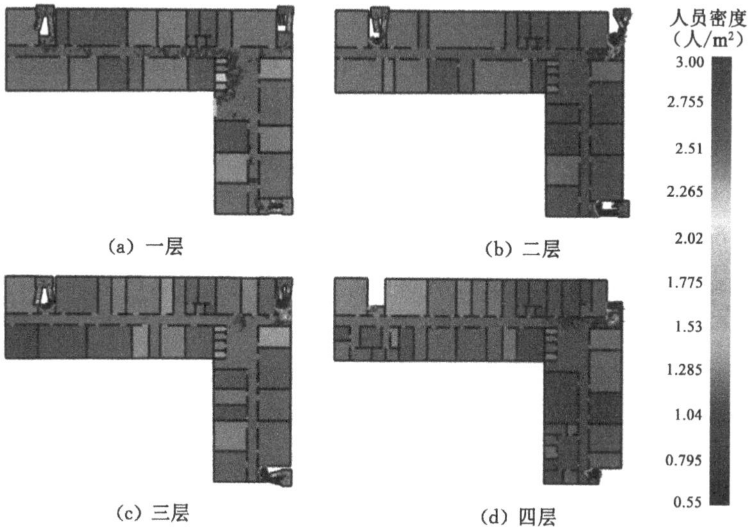

图 4-15　工况 1 学校办公楼 60 s 时各层疏散人员密度图

图 4-16 展示了建筑一层唯一的安全出口(正门)累计疏散人数随时间的变化曲线,总疏散人数为 941 人,疏散完成时间约为 343.77 s。由图可见,在初始阶段(0～50 s),仅有约 100 人疏散完成,曲线斜率较低,表明人员响应时间较长;在快速增长阶段(50～250 s),疏散效率提升,完成疏散的人员数量从 100 人快速增加到约 800 人,曲线斜率增加,表明出口的通行速率较高;在平稳阶段(250～343.77 s),曲线逐渐趋于平缓,疏散效率下降。

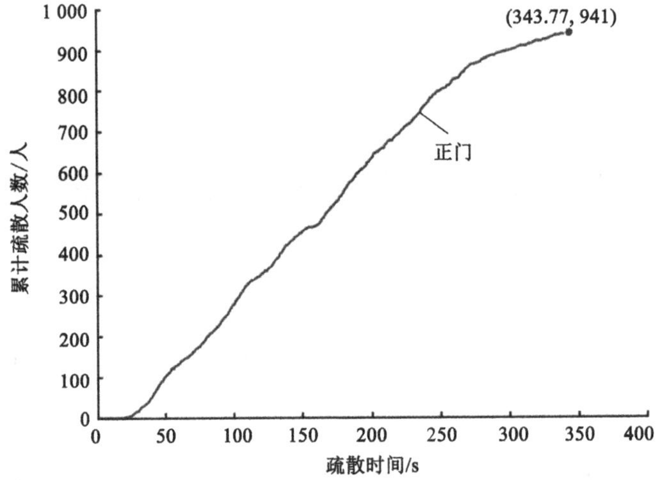

图 4-16　工况 1 学校办公楼一层安全出口人员疏散动态变化曲线

4.4.2　工况 2:一层有 2 个安全出口

本工况为设置仅 2 个安全出口(正门及 1 号门),通过仿真模拟进行了疏散分析。其疏散人数随时间变化的曲线如图 4-17 所示,疏散全部完成的时间为 352 s。

图 4-18 展示了在无障碍物、人数饱和、全部房间门口敞开的条件下,60 s 时各楼层的疏散人员密度分布情况。从图中可以看出,一层人员集中向正门和 1 号门两个安全出口方向进行疏散;二层、三层和四层的人员主要聚集在楼梯口处,密度达到最大值 3 人/m^2,这种局部拥挤状态极易引发拥堵甚至踩踏事件。此外,房间内已无人员停留,疏散流线集中于通道和楼梯间。

图 4-19 为 2 个安全出口累计疏散人数随时间的变化曲线。正门的疏散人数为 529 人,占总人数的 56.2%,1 号门的疏散人数为 412 人,占总人数的

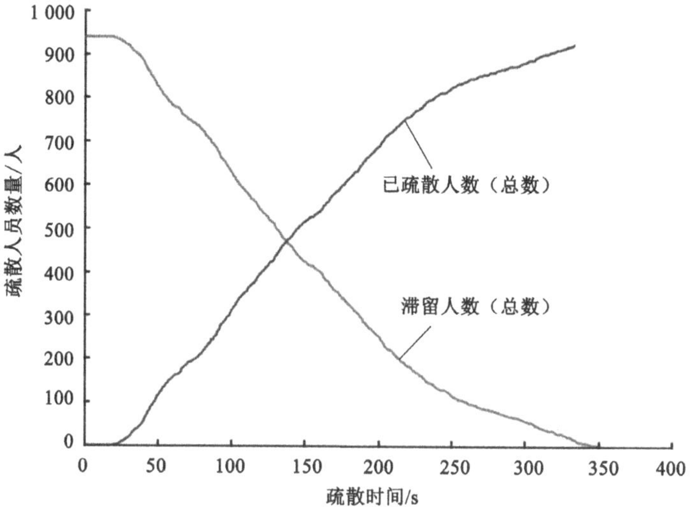

图 4-17　工况 2 学校办公楼人员疏散动态变化曲线

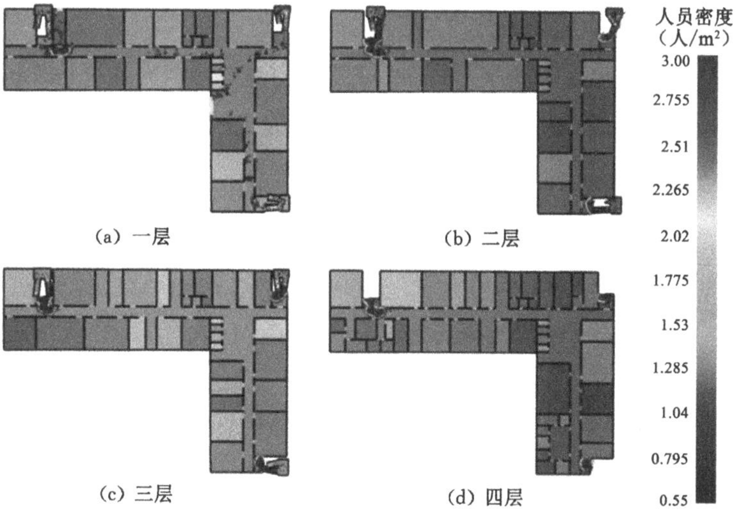

图 4-18　工况 2 学校办公楼 60 s 时各层疏散人员密度图

43.8%，表明正门承受了主要的疏散负担。正门的疏散速率在疏散初期和中期(约 50～250 s)较高，表明正门承担了主要的疏散流量；在 250 s 后，正门疏散曲线趋于平缓，表明此时其疏散功能基本已完成。1 号门的疏散速率相对较低，曲线斜率始终较小，表明该出口疏散效率偏低。

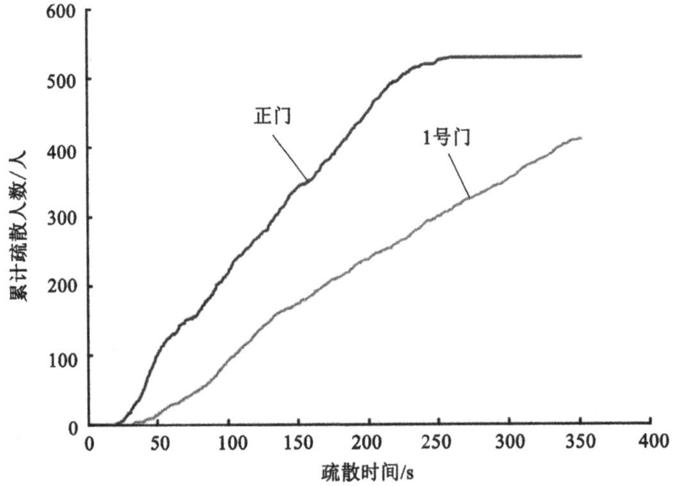

图 4-19　工况 2 学校办公楼各安全出口人员疏散动态变化曲线

4.4.3　工况 3：一层有 3 个安全出口

本工况为设置仅 3 个安全出口（正门、1 号门及 3 号门），通过仿真模拟进行了疏散分析。其疏散人数随时间变化的曲线如图 4-20 所示，疏散全部完成的时间为 348.8 s。

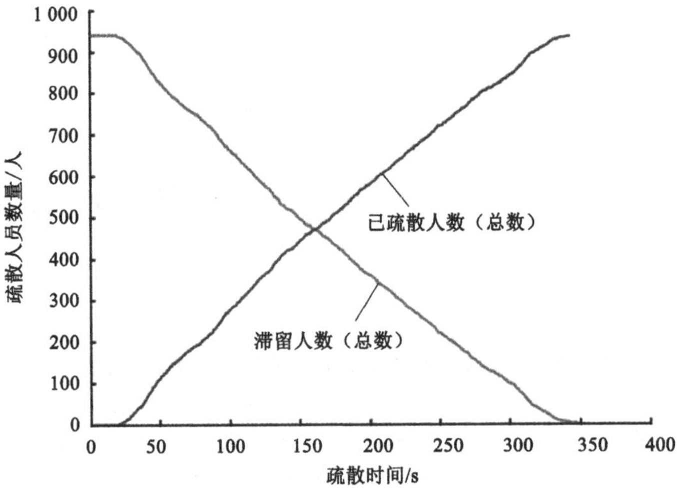

图 4-20　工况 3 学校办公楼人员疏散动态变化曲线

图 4-21 展示了在无障碍物、人数饱和、全部房间门口敞开的条件下，60 s 时各楼层的疏散人员密度分布情况。可以看出，一层楼梯间处出现高密度区域，表明该位置存在疏散拥挤现象。然而，3 个安全出口处均未出现明显的高密度区域，说明出口附近的拥挤情况相较前两个工况有所缓解。二层、三层和四层的人员主要集中在楼梯入口处，密度达到最大值 3 人/m^2，显示楼梯口仍是疏散过程中的关键拥堵点。房间内基本无人员滞留，说明人员已迅速进入疏散通道。相较前两个工况，工况 3 出口处的疏散情况有所改善，但楼梯口的拥堵问题依然明显。

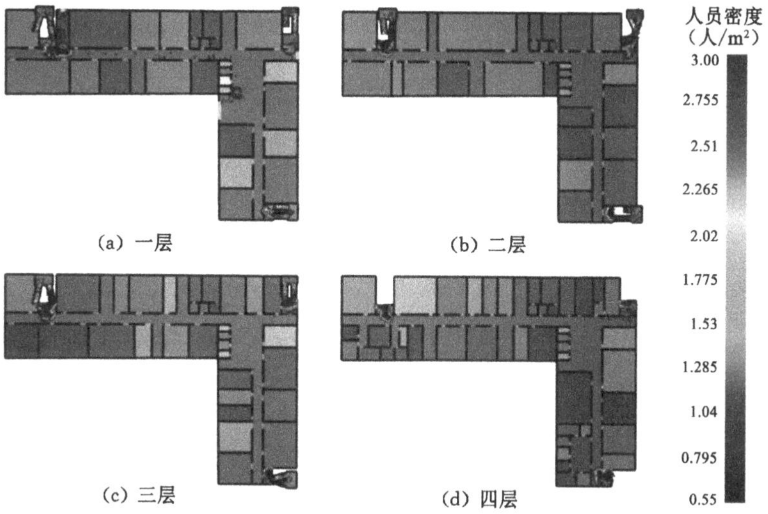

图 4-21　工况 3 学校办公楼 60 s 时各层疏散人员密度图

图 4-22 展示了该工况下 3 个出口的动态变化曲线，包含正门、1 号门及 3 号门。1 号门累计疏散人数最多，为 408 人，占总人数的 43.4%，在本工况中承担了主要的疏散任务。正门累计疏散人数次之，为 386 人，占总人数的 41.0%，它的疏散速率在中期较高，但最终人数略少于 1 号门。3 号门累计疏散人数最少，仅为 147 人，占总人数的 15.6%，该出口疏散延迟，直到疏散中后期才开始有明显的人流，整体利用率较低，说明未能充分分担疏散任务。

4.4.4　工况 4：一层有 4 个安全出口

本工况为设置 4 个安全出口（正门、1 号门、2 号门及 3 号门），通过仿真模拟进行了疏散分析。其疏散人数随时间变化的曲线如图 4-23 所示，疏散全部完

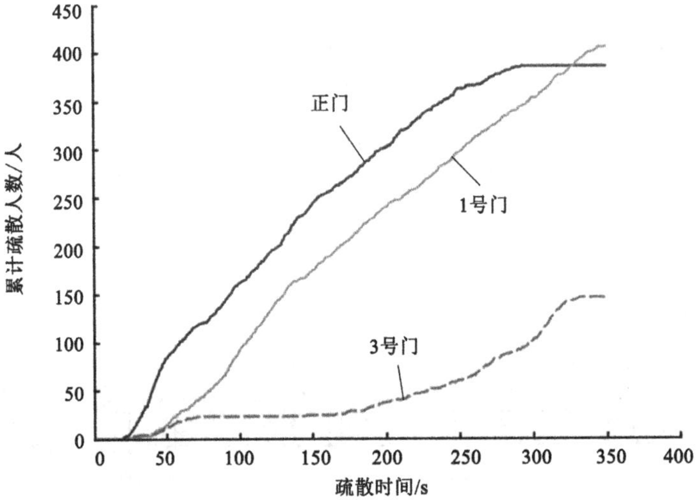

图 4-22　工况 3 学校办公楼各安全出口人员疏散动态变化曲线

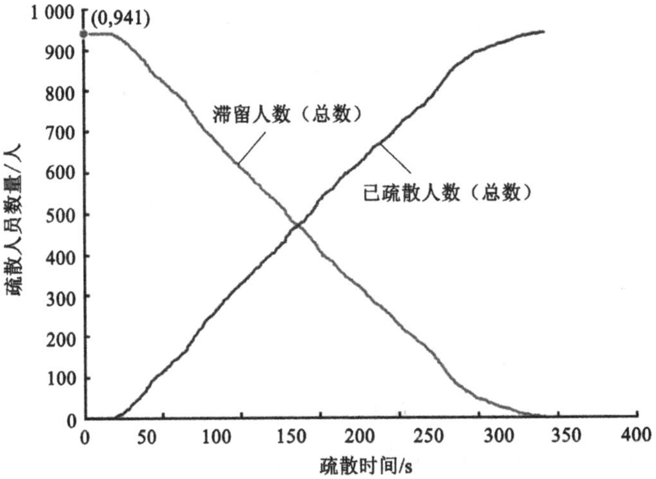

图 4-23　工况 4 学校办公楼人员疏散动态变化曲线

成的时间为 291.3 s。

图 4-24 为学校办公楼不考虑障碍物、人数饱和、全部房间门口敞开条件下，60 s 时各层疏散人员密度图。从图中可以看出，一层楼梯间处出现高密度区域，表明人员在楼梯口集中。但由于一层设有 4 个安全出口，出口处的人员密度明显较低，主要分布在 0.55～1.53 人/m^2。这表明出口的分流能力较强，能

够有效缓解楼梯间的疏散压力。二层、三层和四层楼梯入口处出现高密度区域，显示出严重的人员拥堵现象。由于楼层间垂直通道容量有限，人员从各房间向楼梯口疏散时迅速聚集，导致楼梯口成为关键瓶颈。

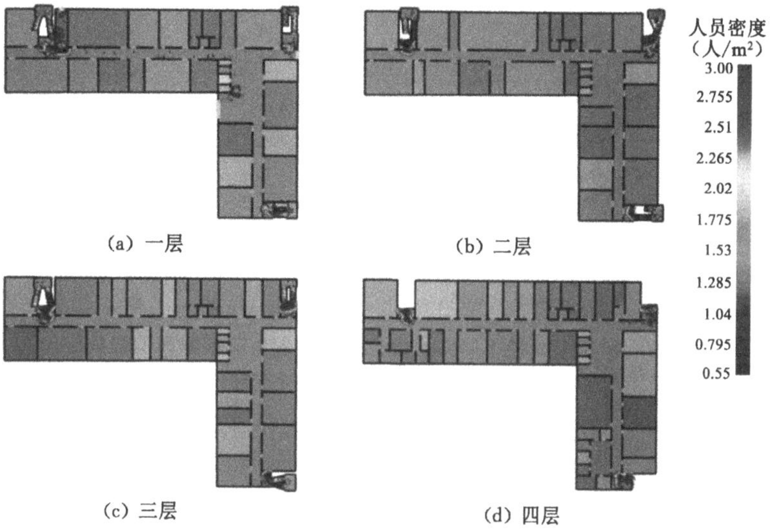

图 4-24　工况 4 学校办公楼 60 s 时各层疏散人员密度图

图 4-25 展示了该工况下 4 个出口的疏散人数动态变化曲线，包含正门、1

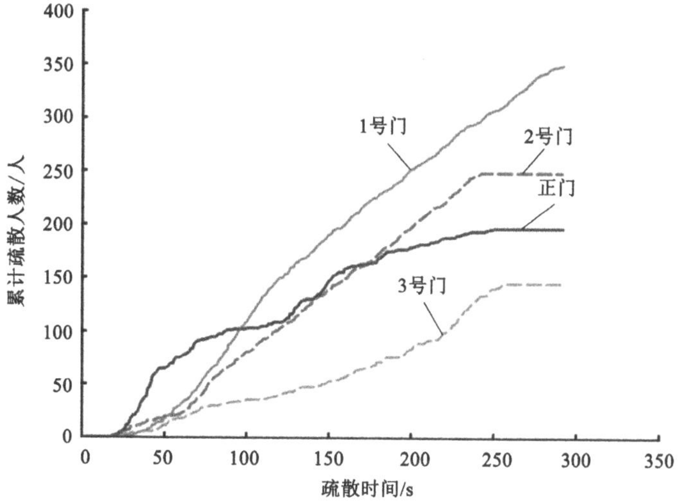

图 4-25　工况 4 学校办公楼各安全出口人员疏散动态变化曲线

号门、2 号门及 3 号门。由图可见,1 号门通过人数最多,为 350 人,占总人数的 37.2%。2 号门通过人数为 249 人,占总人数的 26.5%。正门虽然宽度最大,但通过人数仅为 197 人,占总人数的 20.9%,表明其在疏散引导中未能充分发挥作用。3 号门通过人数最少,仅为 145 人,占总人数的 15.4%,说明该出口的利用率较低。

4.4.5 小结

(1) 建筑一层安全出口宽度对疏散的影响

本节模拟分析了学校办公楼在安全出口数量不同条件下的人员疏散,即安全出口数量为 1～4 个的 4 种工况,疏散时间结果如表 4-7 所列。分析结果表明:

表 4-7 学校办公楼不同安全出口数量对人员疏散时间的影响

工况	安全出口数量	疏散时间/s
1	1	343.8
2	2	352.0
3	3	348.4
4	4	291.3

① 在工况 1 中,仅正门 1 个安全出口,疏散完成时间为 343.8 s,显示整体疏散效率较低,尤其是在疏散后期,明显存在人员滞留和通行缓慢的现象。楼层内,二层、三层和四层的人员在楼梯口集中,密度达到了最大值 3 人/m^2,形成了严重的拥堵。

② 在工况 2 中,增加了 1 号门作为第二个安全出口,疏散完成时间为 352 s。通过增加出口,疏散速度有所提高,但仍未能改善疏散效率,特别是在后期,人员在出口附近的拥堵现象依然明显。在疏散过程中,正门承担了 529 人的疏散任务,占总人数的 56.2%;1 号门疏散了 412 人,占总人数的 43.8%。

③ 在工况 3 中,3 号门的增加分流了人员,疏散完成时间缩短至 348.8 s。正门疏散人数为 386 人,占总人数的 41.0%;1 号门疏散人数为 408 人,占总人数的 43.4%;3 号门疏散人数为 147 人,占总人数的 15.6%。3 号门缓解了一部分疏散压力,但由于疏散初期 3 号门的利用率较低,整体疏散效率仍不理想。二层、三层和四层的疏散人员仍然主要集中在楼梯口,造成了瓶颈效应,楼梯口的拥堵问题依然没有得到根本解决。

④ 工况 4 设有 4 个安全出口(正门、1 号门、2 号门和 3 号门),通过分散疏散流量,疏散完成时间进一步缩短至 291.3 s,达到了 4 种工况中最好的疏散效果。1 号门的疏散人数最多,为 350 人,占总人数的 37.2%;2 号门为 249 人,占总人数的 26.5%;正门为 197 人,占总人数的 20.9%;3 号门为 145 人,占总人数的 15.4%。一层的分流效果良好,但二层、三层和四层的楼梯口依然存在人员高密度区域,人员聚集较为严重,导致疏散过程中有局部拥堵。相比其他工况,4 个出口的组合明显提高了整体疏散效率。

综合可见,一层安全出口的设置对整个疏散过程有关键作用,见图 4-26。在仅有 1 个出口的情况下(工况 1),一层的疏散效率最差,出口处出现了拥堵,导致疏散时间较长。随着出口数量的增加,一层的疏散效率得到了提升。在工况 4 中,4 个安全出口的设置使得一层人员能够快速分流,减少了楼梯口的拥堵,大大缩短了疏散时间。

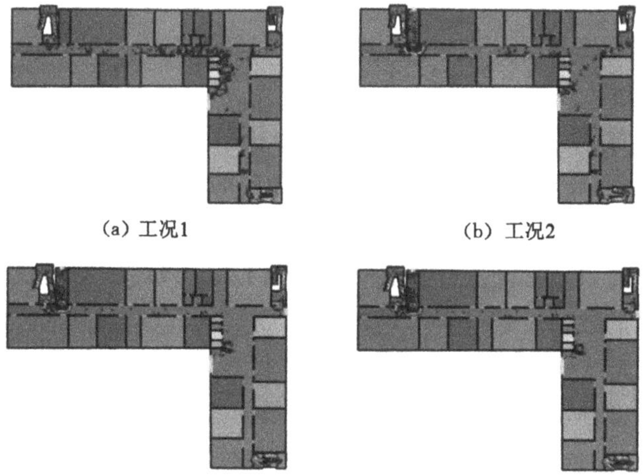

(a) 工况1　(b) 工况2

(c) 工况3　(d) 工况4

图 4-26　4 种工况下 60 s 时学校办公楼一层疏散人员密度图

4.4.6　优化建议

(1) 一层安全出口的优化设置

一是增加出口数量。根据模拟分析,一层的疏散效率在增加出口数量后提升。例如,在工况 4 中,一层设置了 4 个安全出口后,疏散时间从工况 1 的 343.8 s缩短至 291.3 s。因而建议在现有布局的基础上,结合人员分布特点与疏散流线设计，在一层合理增设更多的安全出口，确保出口均匀分布于建筑四周。应避免出口集中于单侧，确保人员能快速到达最近的出口。

二是优化出口宽度。正门尽管宽度较大，但其利用率偏低，模拟结果显示其利用率仅为 20.9%（工况 4），说明单纯增加出口宽度并未充分发挥作用。建议结合人员流动模拟结果，合理调整出口宽度，避免资源浪费；也可提升其他出口的宽度，均衡出口负担。

三是提高出口引导效果。在实际使用中，3 号门和 2 号门的利用率较低。建议通过改进引导标识和路径设计，使得所有出口均具备清晰的可达性。同时，可在关键位置设置应急指示灯或语音引导系统，以减少人员对单一出口的依赖。

(2) 楼梯间的优化设计

模拟仿真结果表明，二层至四层的楼梯入口处是人员拥堵的主要瓶颈，密度可达 3 人/m^2，严重影响疏散效率。建议在建筑条件允许的情况下，适当扩宽楼梯间通道，提升楼层间的垂直疏散能力。另外，建议在人员密集区域新增 1～2 个楼梯间，将疏散流量分散至多个垂直通道，缓解主要楼梯的拥堵压力。

(3) 疏散路径优化

模拟结果显示，部分楼层房间的疏散路径较长，导致人员进入垂直通道的时间延误。例如，在工况 2 和工况 3 中，3 号门的利用率较低，初期未能分流足够的人员，表明疏散路径设计不够合理。建议根据模拟数据，优化疏散流线，减少人员行进距离，特别是通过优化通向 3 号门和 2 号门的路径设计，提升进入楼梯间和出口的效率。

(4) 优化人员分布策略

建议在日常使用中有意引导各楼层人员熟悉备用楼梯和较为宽敞的出口位置，尤其是正门这种通行能力强但使用率偏低的出口，以提升人员在火灾情况下的疏散反应能力。此外，可利用建筑内广播系统、疏散通道上的电子屏幕动态发布出口疏散路径的实时情况，提醒人员及时调整疏散路径选择，避免集中选择较近但拥堵严重的出口。

(5) 消防设施联动系统的优化

火灾情况下，报警系统的联动响应速度直接影响人员的疏散效率。建议对行政楼的消防报警系统进行升级，采用高灵敏度的火灾探测器，并实现与应急照明系统、紧急广播系统的联动控制，确保火灾初期即可高效引导人员选择合适出口及楼梯路径，缩短整体疏散响应时间。

5 基于 Pathfinder 的教学楼安全疏散模拟研究

5.1 概述

5.1.1 研究背景及意义

教学楼是师生教学活动的核心场所，其建筑规模较大、楼层较高、人员密集，且存在多种可燃物，如课桌椅、书籍、电器设备等，一旦发生火灾，极易造成严重的人员伤亡和财产损失。根据《人员密集场所消防安全评估导则》(GA/T 1369—2016)[111]的定义，教学楼属于人员密集场所，一旦发生火灾，大量人员在短时间内进行疏散，极易引发拥堵和踩踏事故。

近年来，我国高校教学楼火灾事故时有发生，暴露出建筑消防设施老化、疏散通道设计不合理、人员逃生意识不足等问题[112]。研究表明，火灾发生后人员的疏散速度和疏散路径对安全逃生至关重要。然而，由于教学楼内师生人数众多，火灾情况下可能出现人员拥堵、逃生路线受阻等问题，尤其是烟气的快速扩散可能导致逃生通道的能见度下降，加剧人员的恐慌行为[108]。因此，如何优化教学楼火灾疏散策略，提高人员逃生效率，是当前消防安全研究的重要议题。随着计算机模拟技术的发展，基于 Pathfinder 等工具的火灾疏散仿真研究逐渐成为主流方法。本研究通过采用 Pathfinder 对教学楼火灾疏散进行深入分析，并提出合理的优化方案，以提升高校教学楼的消防安全水平。

(1) 教学楼火灾事故原因分析

回顾近十年来国教学楼火灾典型案例(见表 5-1)，教学楼火灾的发生通常是多种因素共同作用的结果，主要可以归纳为以下几个方面：

表 5-1　全国教学楼火灾典型案例

时间	火灾发生地点	火灾发生原因	伤亡损失情况
2015-4-20	南充一中教学楼	楼顶线路短路引燃了废旧桌椅	未造成人员伤亡
2015-12-18	清华大学化学系何添楼	实验所用氢气瓶意外爆炸起火	造成清华大学理学院化学系一名博士后身亡
2016-1-10	北京化工大学实验室	冰箱电路老化导致化学药剂自燃	未造成人员伤亡
2018-12-26	北京交通大学东校区 2 号楼	实验室发生爆炸	事故造成 3 名参与试验的学生死亡及该实验室大楼被毁
2019-2-27	南京工业大学实验室	电源未关闭导致火灾	未造成人员伤亡
2021-7-13	南方科技大学	化学实验室发生起火	实验人员轻度烧伤

① 电气设备故障

电气设备故障是教学楼火灾的主要诱因之一，尤其是在老旧建筑或电力负荷较大的教学环境中。教学楼内存在大量照明设备、电风扇、空调、计算机及多媒体教学设备，长时间运行可能导致线路老化、短路或过载，从而引发火灾[100]。此外，违规用电问题也增加了电气火灾的风险。例如，一些教室和办公室私拉电线、使用非标插座，或违规使用大功率电器均可能导致电线过载并产生高温，最终引发电气火灾。

② 可燃物堆积

教学楼内部可燃物种类繁多，包括书籍、课桌椅、窗帘、实验设备包装材料等，这些物品一旦遇到火源或高温，极易燃烧并迅速蔓延[99]。特别是在实验室环境中，存放的大量化学试剂、有机溶剂及其他易燃易爆物质，使其成为教学楼火灾风险最高的区域之一。若存放管理不当，例如试剂密封性不足、存储环境温度过高，或通风不良，都可能加速火灾的发生。此外，部分教学楼的储藏室或角落堆放废旧纸箱、杂物，未能及时清理，这些可燃物在火灾发生时会迅速扩大燃烧范围，进一步加剧火势。

③ 建筑防火设计缺陷

高校教学楼的建筑防火设计对于减少火灾损失至关重要。然而，部分高校的教学楼由于建造年代较早，未能充分满足现代消防安全标准。例如，一些教学楼缺乏防火分隔设施，导致火灾发生时，烟雾和火焰能够快速通过楼梯间、通风管道等传播，加剧火势蔓延[113]。此外，部分教学楼未配备自动喷淋系统，或火灾报警系统维护不善，导致火灾发生时无法及时启动消防设备进行灭火。例如，一些高校的灭火器过期未更换，火灾报警器因故障未能正常工作，导致火灾发生时无法及时采取应对措施。

（2）教学楼火灾疏散难点分析

首先，人员的心理和行为复杂性是教学楼火灾疏散的首要难点。火灾发生时，人群容易产生恐慌情绪，导致非理性行为，如推搡、拥挤、折返等，使得疏散过程更加混乱。研究表明，在火灾疏散过程中，从众效应极为明显，大部分人员倾向于跟随他人行动，而非独立选择最优路径，这可能导致部分出口过度拥挤，而其他出口利用率低下[114]。此外，不熟悉建筑结构的人员可能在疏散过程中迷失方向，导致他们选择熟悉的路线而非安全最优路线，增加了疏散难度。更为严重的是，部分人员在火灾发生时存在折返行为，如回到教室寻找财物或同伴，这不仅降低了疏散效率，还可能导致其陷入险境。此外，人员的风险感知能力不同，部分人员在火灾初期可能低估危险性，未能及时采取行动，从而错失最佳逃生时间。

其次，建筑结构与疏散通道设计直接影响火灾疏散效率。部分高校的教学楼因建造年代较早，未按照现代消防标准进行优化，存在出口数量不足、疏散通道狭窄等问题。研究表明，出口数量较少或出口分布不合理，会导致大量人员在有限出口处聚集，从而形成严重的“瓶颈效应”，影响整体疏散效率[115]。此外，部分教学楼的走廊和楼梯间设计较为复杂，导致人员在疏散过程中难以快速找到出口，特别是在烟雾弥漫的情况下，熟悉建筑环境的人员通常能够更快逃离，而不熟悉建筑的人员则容易被困。另一个重要问题是部分教学楼缺乏有效的防火分隔设施，如防火门、防烟排烟系统等，导致火势和烟雾能够迅速通过走廊、楼梯间甚至通风管道传播，使得部分逃生通道迅速变得不可用，严重影响疏散安全。

再者，火灾环境因素对疏散路径和人员行动造成严重影响。火灾发生时，烟雾的蔓延速度通常远快于火焰，而烟雾的主要危害在于降低可见度和产生有毒气体，极大影响人员的逃生能力[116]。研究发现，在可见度低于 3 m 的情况下，人员的行进速度将下降 50％以上，且极易因迷失方向而影响逃生决策。此外，火灾环境中的高温也会对人员逃生造成影响。研究表明，在温度超过 60 ℃

时，人体的生理耐受性大幅下降，超过 100 ℃时可能导致严重烧伤甚至死亡[98]。因此，火灾环境的动态变化，特别是高温、烟雾和有毒气体的扩散，使得疏散路径在短时间内可能变得不可用，给人员逃生带来极大的不确定性。

最后，疏散路径优化与引导的不足也是教学楼火灾疏散的一大难点。传统的静态疏散指示标志在火灾环境下的有效性较低，特别是在烟雾弥漫或电力故障的情况下，许多人员难以及时获取正确的疏散信息[117]。尽管部分建筑安装了应急照明系统和出口标志，但当烟雾遮挡标志或人员对建筑布局不熟悉时，疏散效率仍然受到极大影响。此外，研究发现，教学楼的疏散通道在火灾发生时往往会出现严重的拥堵效应，即部分通道因人员过度集中而变得低效，导致整体疏散时间增加[114]。

5.1.2 国内外研究现状

(1) 国外研究现状

在国外的教学楼火灾疏散研究中，常用的计算机模拟工具包括 Building EXODUS、FDS、Pathfinder 和 Simulex 等。计算机模拟的疏散时间略短于实际演练，主要原因在于计算机模拟未充分考虑人员的初始反应时间，而真实演练中，学生和教师在察觉火灾后的平均延迟时间为30～60 s。

火灾发生时，人员的行为模式对疏散效率有重要影响，包括心理反应、决策过程和群体动态。预疏散行为是影响疏散效率的关键因素，群体行为对疏散效率也有影响。群体中的人员往往会跟随熟悉的人，而非选择最优路径，这种行为可能导致局部拥堵，并增加整体疏散时间。火灾环境因素，如烟气、温度和可见度，对人员疏散行为有重要影响。研究发现，当教学楼内的可见度低于 5 m 时，人员的移动速度下降 30%，并且在高温(＞60 ℃)环境下，人员的判断能力和行动效率降低，甚至可能出现逆行现象并增加安全风险[118]。

(2) 国内研究现状

谢明峰等[50]研究了高校教学楼火灾的主要特征，指出该类建筑火灾蔓延速度快、人员密度高、疏散通道易受阻，是影响教学楼火灾安全的主要因素。他通过案例分析发现，教学楼内部常见的可燃物，如木质课桌椅、实验设备、电缆线路等，使得火灾发生后燃烧范围迅速扩大，导致烟气浓度增高，从而增加了人员疏散的难度。

方正[112]在对高校校园火灾成因的研究中发现，电气短路是教学楼火灾的主要诱因之一。此外，火灾发生时间多集中在夜间或实验室设备运行期间，消防设施维护不当也是火灾事故发生的重要因素。建议通过加强日常消防巡检和优化消防设施配置，以减少火灾发生的可能性。

针对长廊型教学楼火灾，王文熠[119]采用 FDS 软件模拟了火灾蔓延过程，发现烟气在狭长走廊内传播速度极快，使得疏散通道在短时间内失去作用。该研究表明，火灾发生后不到 2 分钟，长廊型教学楼的主要疏散通道就会被烟气充满，能见度降低，对人员安全疏散构成严重威胁。

人员的疏散行为受到多个因素的影响，包括警报信号的传递、烟气蔓延速度、疏散通道设计以及人员心理因素等。刘妍煊[120]研究了教学楼火灾发生时人员的疏散模式，发现部分人员在火灾初期低估火势的危险性，导致疏散延误，而当烟气迅速扩散后，恐慌情绪加剧，可能会出现盲目逃生、出口拥堵等问题。此外，在教学楼火灾应急疏散中，合理的逃生引导和应急预案培训能够有效降低人员恐慌，有效提升疏散效率。

对于教学楼楼梯间的疏散效率，吴翠平[121]基于 Pathfinder 模拟了不同人员密度、楼梯宽度对疏散时间的影响。该研究表明，当人员密度超过 3 人/m^2 时，楼梯间极易形成拥堵，导致疏散时间延长。此外，通过增设疏散通道、优化楼梯间宽度以及合理分配疏散人员流向可提升疏散效率。

5.2 Pathfinder 疏散场景建立

5.2.1 教学楼模型建立

该教学楼建筑面积为 10 312.28 m^2，高度 19.95 m，共 5 层，为多层公共建筑。教学楼一层的安全出口布局见图 5-1，共 9 个安全出口。共有 6 个楼梯间贯穿建筑 5 层楼，具体布局见图 5-2。将该教学楼 CAD 图导入 Pathfinder 软件，其 Pathfinder 模型可见图 5-3。

5.2.2 教学楼疏散人员设置

该教学楼共有 3 种教室类型，除第一层和第五层以外，每层有 a 类教室 11 个，长 9.0 m、宽 7.8 m，位于教学楼南侧；有 8 个 b 类教室，长 12 m、宽 7.8 m，位于教学楼北侧；2 个 c 类教室，长 13.5 m、宽 7.8 m。这 3 类教室的尺寸详见表 5-2。

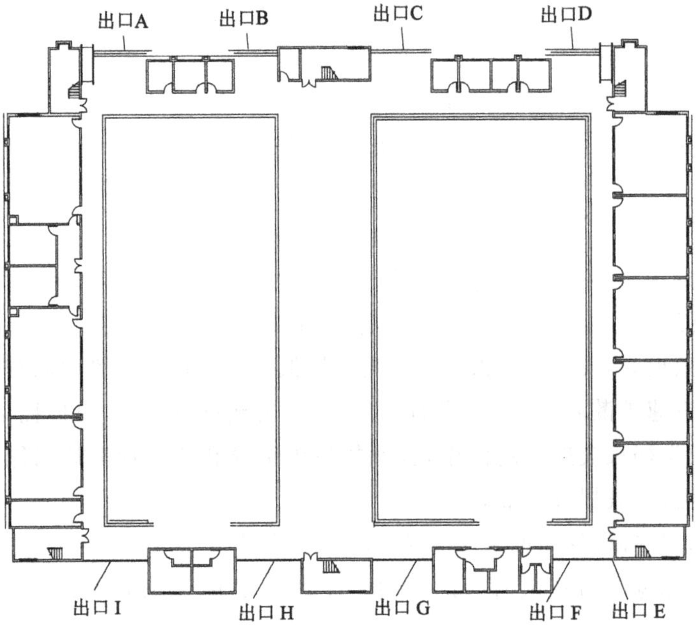

图 5-1　教学楼一层安全出口布局示意图

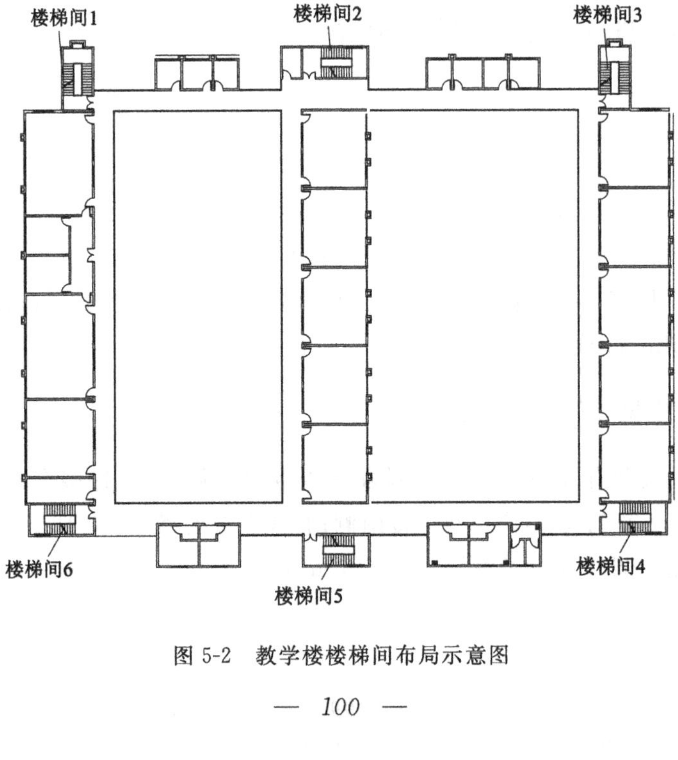

图 5-2　教学楼楼梯间布局示意图

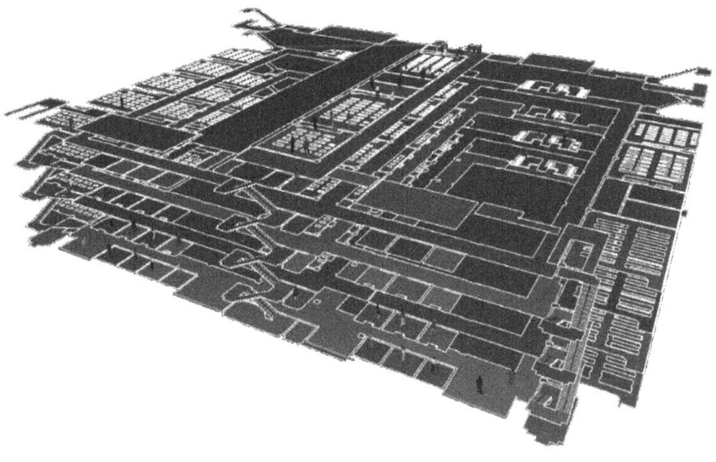

图 5-3 教学楼 Pathfinder 模型图

表 5-2 教学楼各类教室尺寸

教室类型	长/m	宽/m	总座位数/个	门数量/个
a	9.0	7.8	47	2
b	12.0	7.8	56	2
c	13.5	7.8	75	2

仿真中运用了 Steering 模式，人员会朝着最近的出口进行疏散。设置大学生的身高参数为 150～175 cm，肩宽参数为 34.4～38.7 cm。根据《消防安全工程 第 9 部分：人员疏散评估指南》(GB/T 31593.9—2015)设置疏散人员的逃生速度为 1.5～2 m/s，人员间最小间距为 0.08 m[98]。设置教学楼内总人数为 2 364人，其中一层 360 人、二层 560 人、三层 633 人、四层 644 人、五层 167 人。

5.3 建筑使用层数对疏散效率的模拟分析

5.3.1 工况 1：使用一至二层

本工况设置教学楼只使用一、二层作为人员活动的区域，设置人员共 920 人，人员分布如图 5-4 所示。模拟显示所有人员疏散完毕耗时 118 s。

图 5-5 展示了在疏散 60 s 时教学楼不同楼层的人员密度分布情况。从图

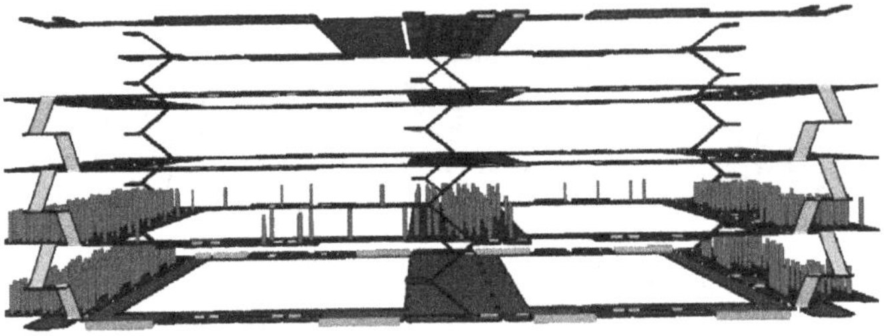

图 5-4　工况 1 教学楼内人员分布示意图

中可以看出，一层靠近出口的区域人员密度较低，人员流动较为均匀。二层的楼梯入口处人员密度达到了 3 人/m²，明显高于其他区域。二层的人员密度高主要原因是教室的分布与楼梯位置之间的关系，靠近楼梯的教室内的疏散人员最先到达楼梯，且迅速占据了有利位置，而远离楼梯的教室的人员疏散较慢，导致部分区域疏散效率偏低。与二层相比，一层由于离出口较近，人员流动更加均匀且人员密度水平明显较低。

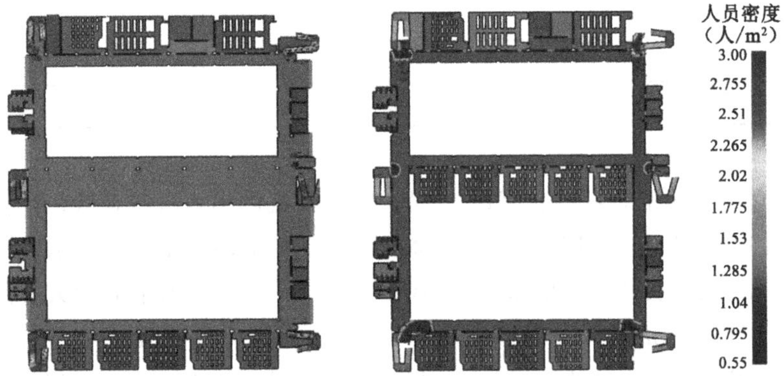

(a) 一层　　(b) 二层

图 5-5　工况 1 教学楼 60 s 时一至二层疏散人员密度图

教学楼内人员疏散路径如图 5-6 所示。由图可见，人员在一层内的流动顺畅，且由于出口设计合理，疏散路径简洁，人员在这一层的流动没有出现明显的拥堵现象。由于一层的出口与楼梯较近，人员能够迅速且均匀地朝着出口方向流动，疏散速度较快。相比一层，二层的人员疏散路径较为复杂，主要是二层增加了中间部分的 5 个教室，导致人员数量增加。另外，二层的楼梯数量为 6 个，相比一层的 9 个安全出口，二层的出口数量较少，一定程度上增加了疏散的复杂性。

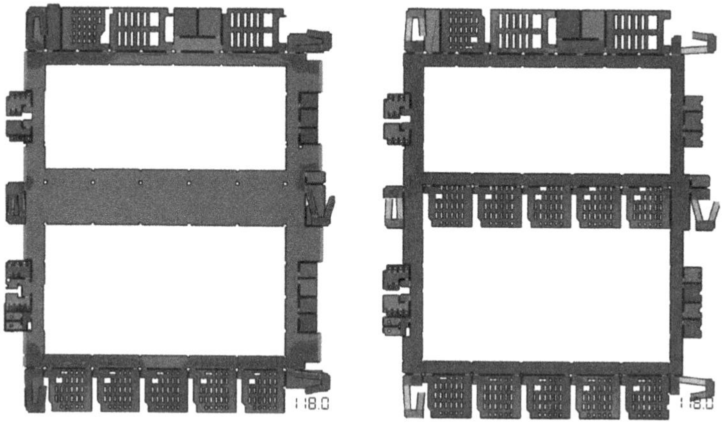

(a) 一层　　(b) 二层

图 5-6　工况 1 教学楼一至二层人员疏散路径图

一层 9 个安全出口(出口 A 至出口 I)的人流量变化如图 5-7 所示。由图可见，出口 D 表现出较高的人流量峰值，人流量在疏散初期达到了最高点，超过 4 人/s，该安全出口在疏散初期承载了大量的人员流动；随着时间的推移，其人流

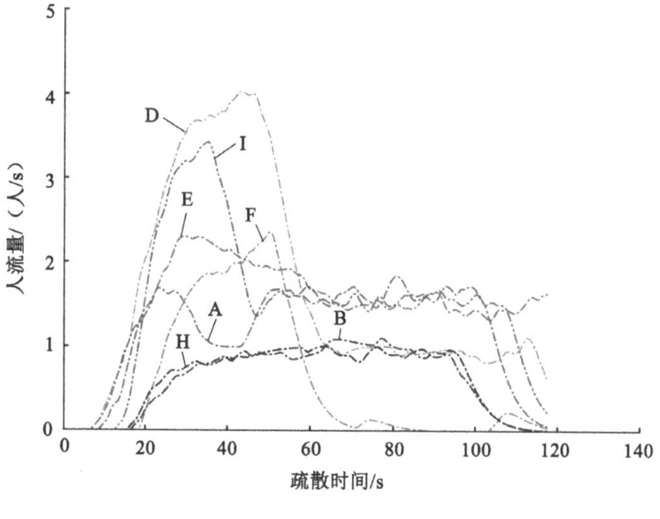

图 5-7　工况 1 教学楼一层各安全出口人流量变化曲线

量逐渐下降，显示出较快的疏散效率，表明该出口在前期承担了主力任务。出口 I 和出口 E 这两个出口在疏散初期的人流量较高，但未能达到出口 D 的流量峰值；在后期，人流量逐渐下降并趋于平稳，显示这两个出口在疏散过程中也承担了不小的压力，但其人流量逐渐减小。出口 H 和出口 B 人流量较低，流量变化较为平缓，说明这两个出口使用较少，在整个疏散过程中的利用率相对较低。

图 5-8 展示了不同出口累计疏散人数随时间的变化情况。由图可见，出口 D 累计疏散人数在所有出口中最多，接近 200 人。该出口曲线在疏散初期（0～40 s）增速最快，说明其位置或设计使其成为首选疏散出口；在疏散后期（80 s 后），曲线趋于平缓，显示大部分人已经通过该出口，剩余人员较少。出口 E 和出口 I 的累计通行人数分别位于第二和第三，人数最终分别接近 190 人和 180 人。这两个出口在疏散初期和中期均有较高的人流量，但明显低于出口 D。出口 H 和出口 B 累计通行人数较少，约为 70 人，说明该两个出口的使用率低，疏散效率有限。

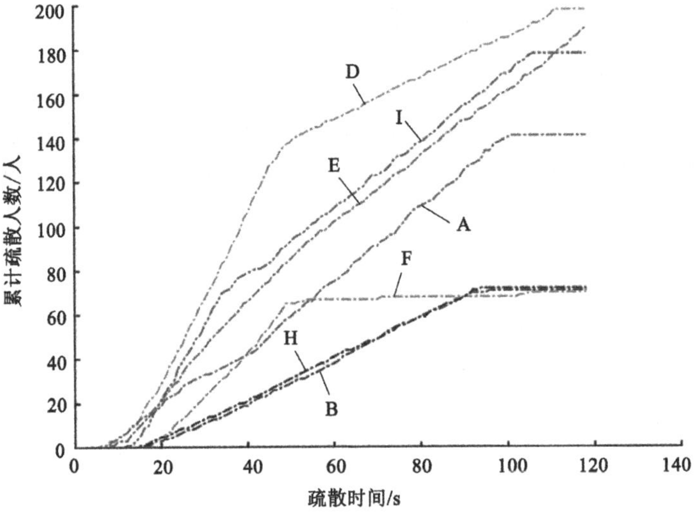

图 5-8　工况 1 教学楼一层安全出口累计疏散人数

5.3.2　工况 2：使用一至三层

本工况设置教学楼使用一至三层作为人员活动的区域，设置人员共 1 553 人，人员分布如图 5-9 所示。模拟显示，该工况下所有人员疏散至楼外耗时 181.3 s。

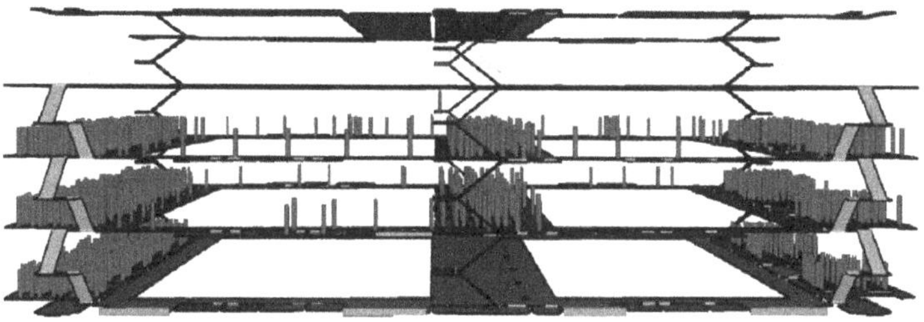

图 5-9　工况 2 教学楼内人员分布图

图 5-10 显示了在疏散 60 s 时教学楼不同楼层的人员密度分布情况。从图中可以看出，一层、二层和三层的人员密度有明显的差异。一层的人员分布较为均匀，在靠近楼梯口和出口的区域人员密度范围为 0.35～2.0 人/m^2，未出现明显的拥堵现象。由于一层的出口和楼梯较近，人员能够迅速且均匀地朝着出口方向流动，疏散速度较快。相比之下，二层的人员密度有所增加，特别是在楼梯口附近，密度可达 2.5～3 人/m^2，说明二层的人员比一层拥挤。由于二层的疏散通道较为集中，人员流动主要向少数出口流动，因此楼梯口周围出现了较高的密度。三层在此刻只有少数人员仍在楼梯口停留等待。

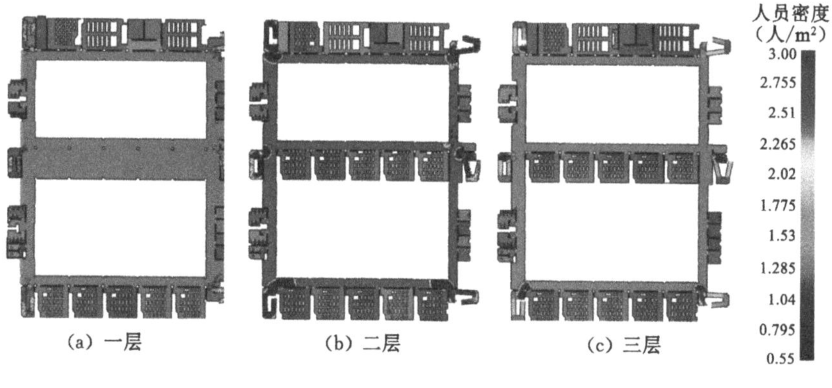

图 5-10　工况 2 教学楼 60 s 时一至三层疏散人员密度图

教学楼内人员疏散路径如图 5-11 所示。由图可见，在一层，大部分人员从楼梯直接流向出口，路径较为简洁且流动顺畅。由于出口分布合理，人员在各个通道上的流动比较均匀，疏散通道没有出现明显的拥堵。二层的疏散路径较为复杂，尽管楼层设计上有多个出口，但由于人员较多，疏散路径的分流效果受到一定影响，出口处密度较大，尤其是靠近楼梯的区域，部分人员因为集中在楼梯口，流动速度相对较慢，导致了局部拥堵现象。三层相比二层和一层，人员的流动路径更为集中，尤其在楼梯口区域人员密度较高，说明楼梯口仍是疏散的瓶颈位置，限制了人员疏散速度，导致出现拥堵现象。总体而言，一层由于出口设计合理，疏散较为高效；二层的疏散路径受到楼梯口数量的影响，虽然有多个出口，但依然存在拥堵问题；三层的疏散路径集中，楼梯区域依然是疏散中的瓶颈。

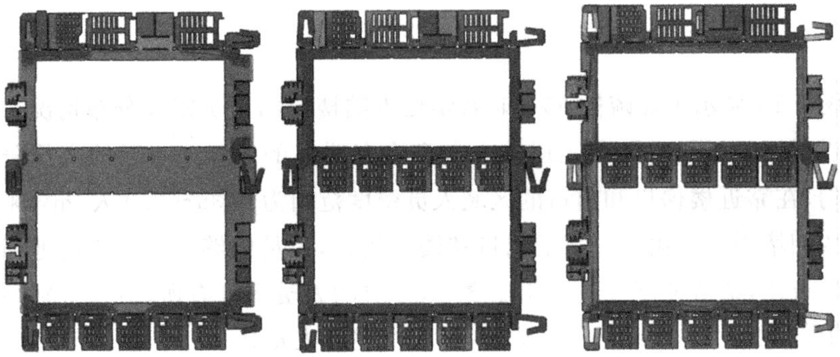

图 5-11　工况 2 教学楼一至三层人员疏散路径图

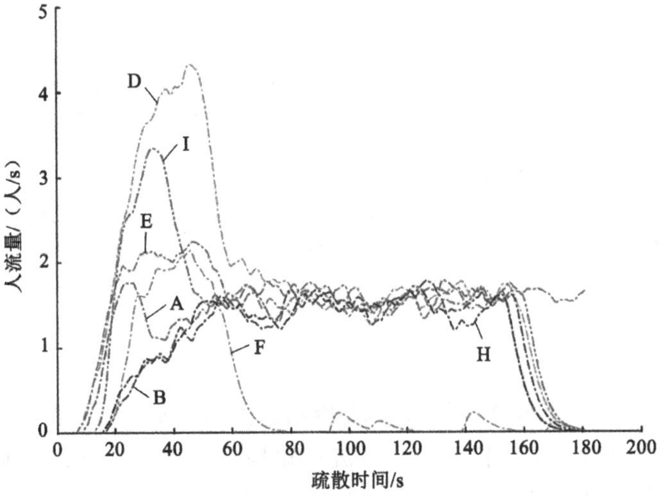

图 5-12　工况 2 教学楼一层各安全出口人流量变化曲线

图 5-12 和图 5-13 展示了教学楼一层不同安全出口的人员疏散情况。由图 5-12 可见，出口 D 作为人流量最大的出口，其人流量在疏散初期迅速上升，并在达到高峰 4.5 人/s 后逐渐下降。相比之下，出口 I 的人员疏散流量峰值较低，为 3.3 人/s。出口 F 人员流量最低，55 s 后急剧下降。其他出口人流量比较接近，且人员疏散速度较慢。

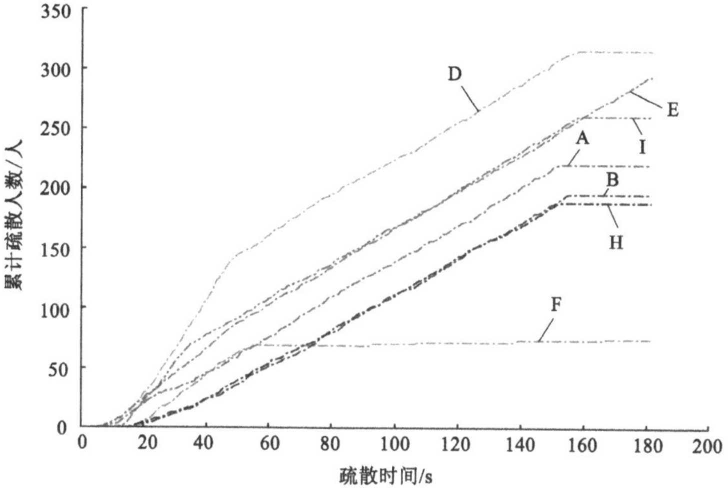

图 5-13　工况 2 教学楼一层安全出口累计疏散人数

由图 5-13 可见，出口 D 显示出最大的疏散量，其疏散人数在初期迅速增加，通行总人数超过 300 人，通过该出口的人员疏散速度最快且人员流动最为密集，说明其承担了大量的疏散任务。出口 E 通行总人数接近 280 人，其疏散能力虽然不如出口 D，但仍然能够在疏散过程中有效分流人员。其他出口的累积疏散人数相对较小，说明利用率较低。特别出口 F 累计疏散人员不到 70 人，为所有出口中最低。

5.3.3　工况 3：使用一至四层

本工况设置教学楼使用一至四层作为人员活动的区域，设置人员共 2 197 人，人员分布如图 5-14 所示。模拟显示，该工况下所有人员疏散至楼外耗时 272.5 s。

图 5-15 展示了在疏散 60 s 时教学楼不同楼层的人员密度分布情况。从图中可以看出，一层人员主要集中在靠近出口和楼梯的区域，疏散流动较为顺畅

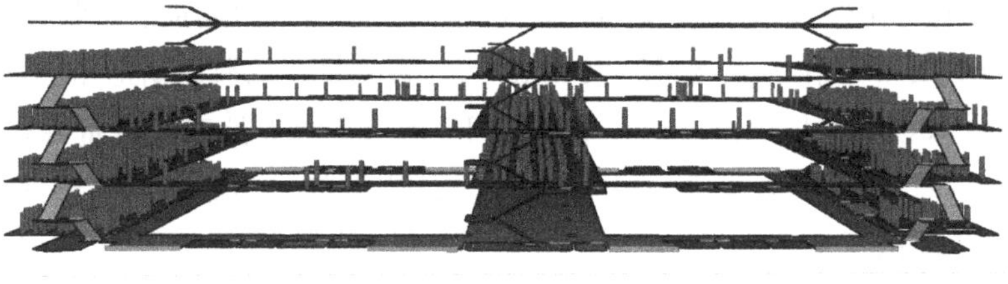

图 5-14　工况 3 教学楼内人员分布图

且人员密度分布均匀，没有出现明显的拥堵情况。由于出口附近的人员流动较为集中，人员迅速通过出口，疏散效率较高。二层人员密度在靠近楼梯口和走廊区域有所增加，密度值上升至 3 人/m^2，说明该区域人员聚集导致局部拥堵。三层人员密度和二层人员密度相似，均集中在楼梯处，且密度为 3 人/m^2。相比二层和三层，四层人员疏散密度值较低，滞留在楼梯口的人员较少，但密度也达到最高值 3 人/m^2。

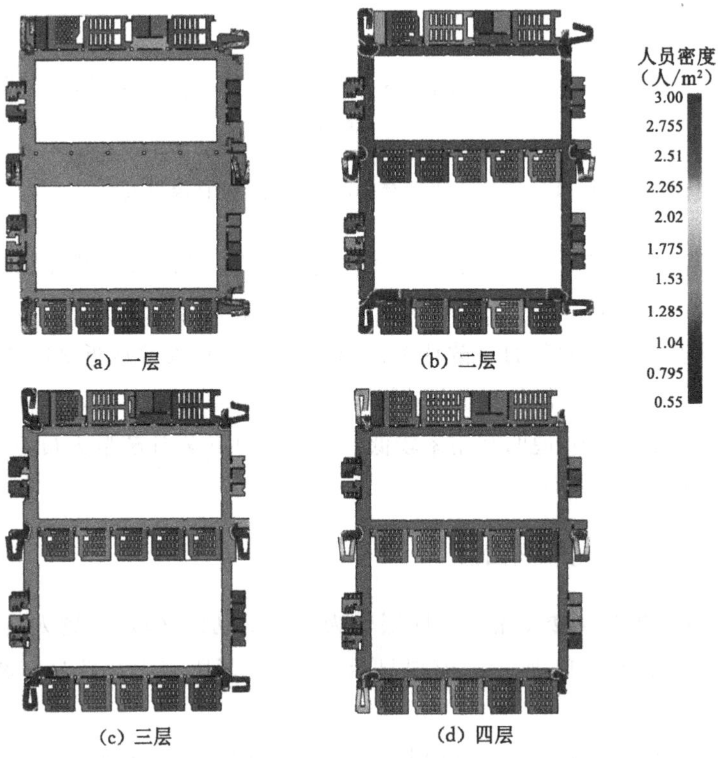

图 5-15　工况 3 教学楼 60 s 时一至四层疏散人员密度图

图 5-16 为一至四层人员疏散路径图。由图可见，二层和三层的疏散路径相对较密集，特别是在靠近楼梯和主要出口的区域，说明人员从各个教室和房间通过走廊迅速进入楼梯间和出口区域。相比于二层和三层，四层的疏散路径明显较少。

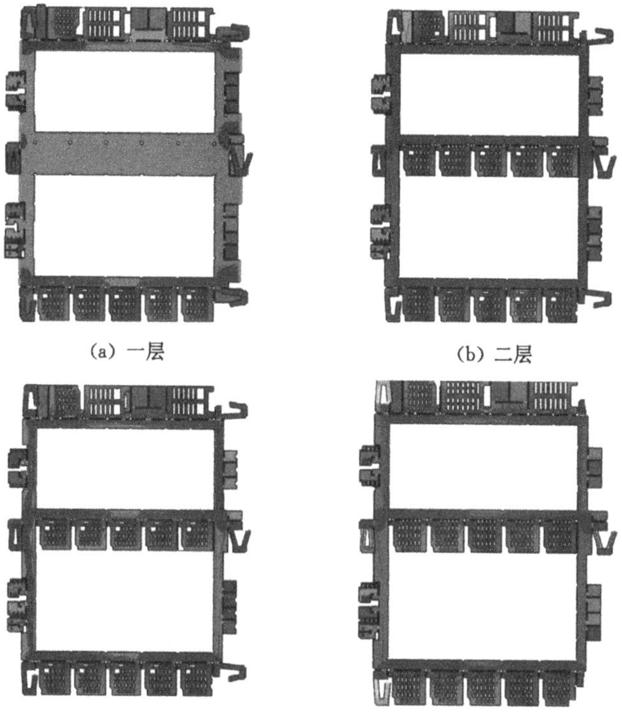

(a) 一层　(b) 二层

(c) 三层　(d) 四层

图 5-16　工况 3 教学楼一至四层人员疏散路径图

图 5-17 展示了 9 个安全出口的人流量变化情况。由图可以看出，出口 D 在前期疏散阶段的人流量最大，接近 4.2 人/s；50 s 后人流量减少，疏散速率明显下降；70 s 后，人流量基本稳定在 1.5 人/s 左右。这说明出口 D 在疏散初期承载了大部分的人员疏散任务。出口 I 的人流量仅次于出口 D，峰值接近 3.7 人/s，40 s 后流量下降，经过波动后基本在 1.5～2 人/s。其他出口则未出现明显波峰，人流量比较平稳。出口 F 人流量最低，且在 50 s 后快速下降。

图 5-18 中展示了一层不同安全出口在疏散过程中累积疏散人数随时间的变化情况。根据曲线分析，出口 D 是疏散中的主要出口，其总疏散人数约为

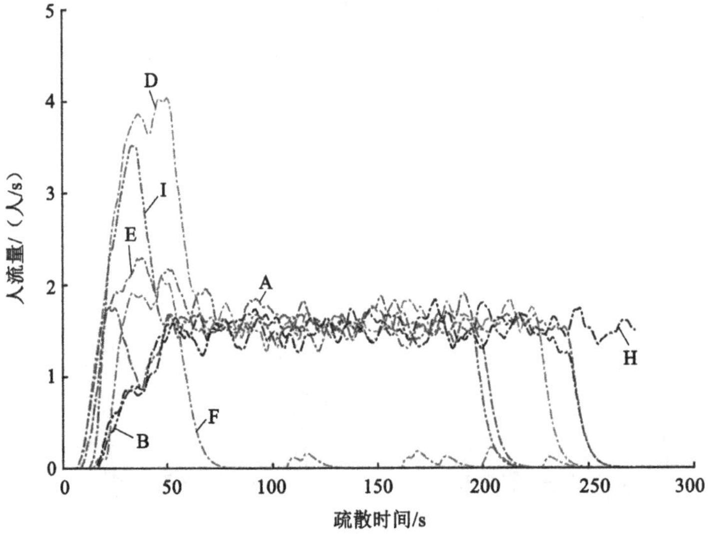

图 5-17　工况 3 教学楼一层安全出口人流量变化曲线

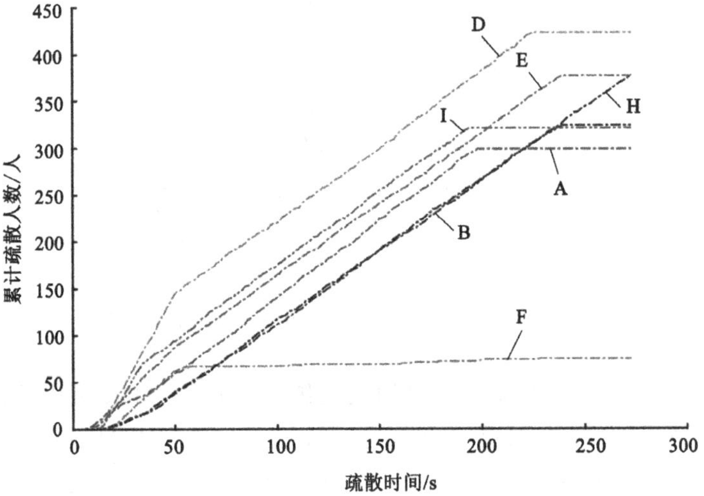

图 5-18　工况 3 教学楼一层安全出口累计疏散人数

420 人，明显高于其他出口。其曲线在前 50 s 内迅速上升，疏散人数超过 150 人。出口 D 从疏散初期到结束始终承担了较大的流量压力。相比之下，出口 E 的累积疏散人数为 350 人，其增长曲线在前 30 s 较为陡峭，该出口主要在疏散的初期和中期发挥了重要作用。出口 F 的使用率最低，总疏散人数在 70 人以下。其余各安全出口的疏散人数规模在 280～370 人。

5.3.4 工况 4:使用一至五层

本工况设置教学楼使用一至五层作为人员活动的区域，设置人员共 2 364 人，人员分布如图 5-19 所示。模拟显示，该工况下所有人员疏散至楼外耗时 285.5 s。

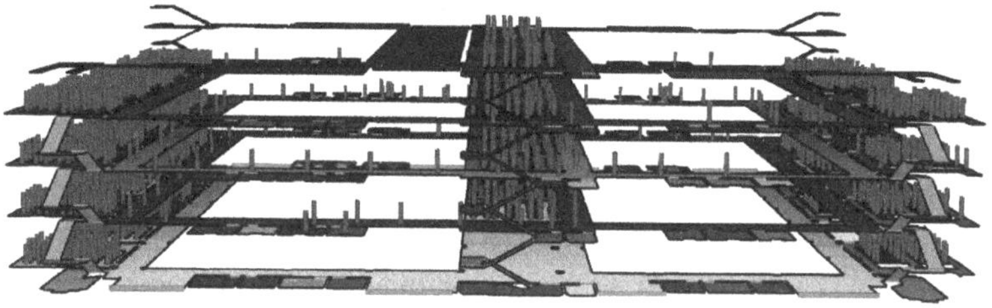

图 5-19 工况 4 教学楼内人员分布图

图 5-20 展示了在疏散 60 s 时教学楼不同楼层的人员密度分布情况。由图

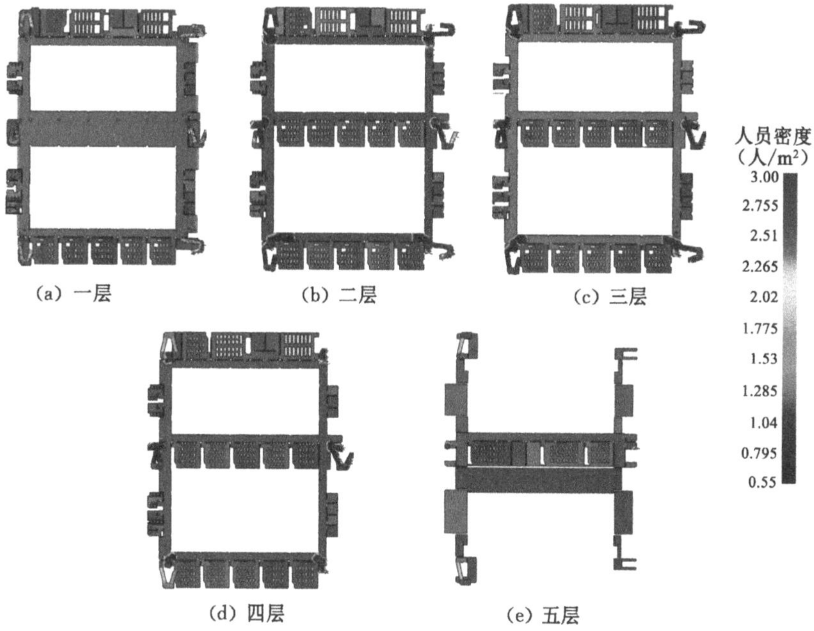

图 5-20 工况 4 教学楼 60 s 时一至五层疏散人员密度图

可见,一层的人员密度分布较为均匀,在楼梯处显示出密度 1～1.5 人/m^2。二层疏散人员高密度区域集中在楼梯,达到 2.5～3.0 人/m^2。二层和三层的人员密度分布相似,均为靠近楼梯区域的密度较高,为 2.75～3 人/m^2。相比于一层,二层和三层的楼梯口均存在局部拥堵现象。四层的人员密集区域主要集中在靠近楼梯的位置,最高密度约为 2.0 人/m^2,低于二层和三层。五层显示的人员密度较低,说明此楼层的人员在此刻已经基本疏散。在 60 s 时,已有 612 人完成疏散,占总人数 2 364 人的 26%。从整体来看,主要的高人员密度区域集中在各楼层的楼梯口和靠近出口的位置。

各层的人员疏散路径如图 5-21 所示。由图可见,由于一层出口数量最多,人员可以迅速分散至多个方向,路径流线清晰,流动效率高,没有明显的拥堵区域。二至四层的疏散路径表现出一定的集中性,尤其是在通向楼梯口的区域。由于人员需要通过楼梯疏散至底层,导致楼梯口及其附近走廊的路径密集。五层的疏散路径相比其他楼层明显稀疏,主要集中在通向楼梯的区域,原因是五层的人员较少。

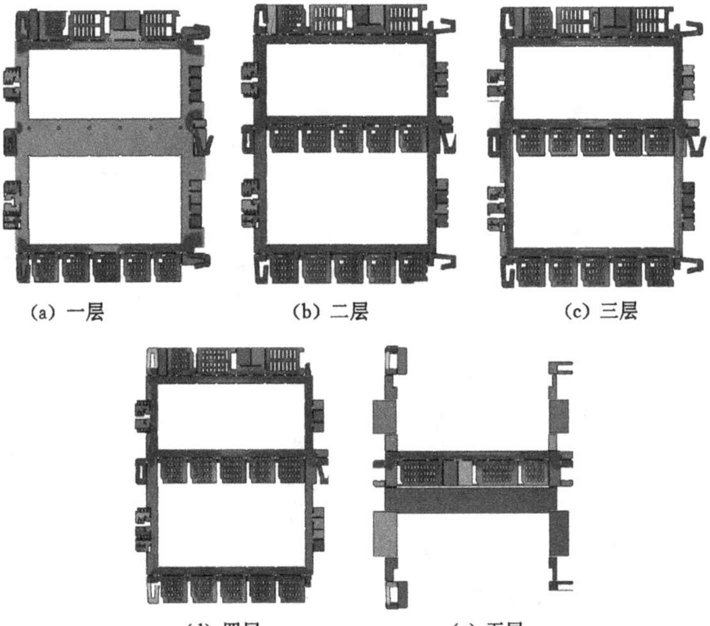

(a) 一层　(b) 二层　(c) 三层　(d) 四层　(e) 五层

图 5-21　工况 4 教学楼一至五层人员疏散路径图

一层 9 个安全出口的人流量变化情况如图 5-22 所示。从人流量峰值来看，出口 D 和出口 I 分别在 50 s 左右和 30 s 左右达到最大值，分别约为 4.2 人/s 和 3.5 人/s，说明这两个出口在疏散初期承受了较大的人流量压力。其他出口的人流量峰值均低于 2.5 人/s，表明这些出口的使用率相对较低。在时间维度上，各出口流速的启动时间较为接近，在 10～15 s 时开始上升，并在 40～50 s 左右达到峰值。随后，大部分出口的人流量趋于平稳，维持在 1.5～2.0 人/s 的范围，并持续一段时间，直到 200 s 左右开始逐步下降。出口 A、B、C、D、E、G 和 I 人流量持续时间较长，直至 250 s 左右才基本归零；出口 F 的人流量在 70 s 左右就接近零，说明其使用频率很低。

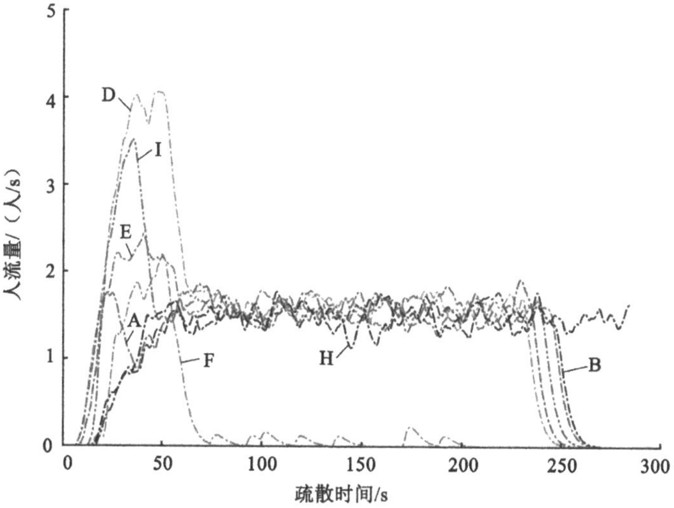

图 5-22　工况 4 教学楼一层各安全出口人流量变化曲线

图 5-23 展示了一层不同安全出口在疏散过程中累积疏散人数随时间的变化情况。根据曲线分析，出口 D 是疏散中的主要出口，其总疏散人数约 450 人，说明该出口承担了主要的疏散任务，使用率最高。紧随其后的是出口 I 和出口 E，二者的累计通行人数均接近 380 人，表明这两个出口也具有较大的疏散能力。相比之下，出口 F 的最终通行人数仅 60 人左右，表明这个出口在疏散过程中作用有限。在时间轴上，大多数出口的累计通行人数在前 50 s 内快速上升，表明疏散初期人员流动较为集中，疏散速度较快；随后，增长速率逐渐趋缓，并在 250 s 左右基本达到稳定，说明此时人员疏散已基本完成。出口 F 的累计通行人数在 60 s 之后就几乎不再增长，表明该出口在疏散后期几乎未再承担人员疏散任务。

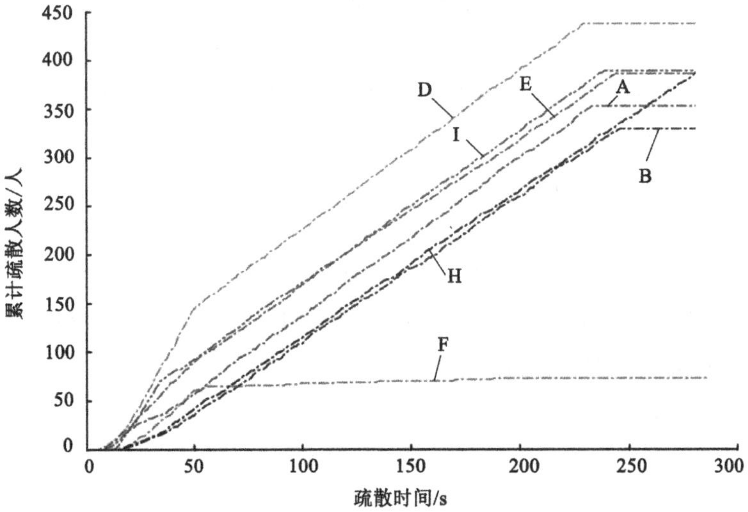

图 5-23　工况 4 教学楼一层各安全出口累计疏散人数图

5.4　小结

本章利用 Pathfinder 软件对教学楼在使用不同数量楼层情况下的人员疏散过程进行了模拟，分析了人员疏散时间、楼层疏散特征、安全出口使用情况及人员流动路径，进而探讨了影响疏散效率的关键因素。基于仿真结果，对各工况的疏散情况进行了详细对比，并提出优化建议，以提升建筑物的安全疏散性能。

(1) 不同工况下的疏散时间分析

4 种工况的人员总数分别为 920 人、1 553 人、2 197 人和 2 364 人，对应的总疏散时间分别为 118 s、181.3 s、272.5 s 和 285.5 s，详见表 5-3。从疏散时间的变化趋势来看，当教学楼仅使用一至二层(工况 1)时，人员能够在 118 s 内全部疏散完毕。而当使用一至三层(工况 2)时，疏散时间增加至 181.3 s，比工况 1 增加 53.6%，说明随着楼层增加，楼梯的使用需求加大，疏散速度受到一定限制。在工况 3(使用一至四层)中，人员总数增加了 644 人，总疏散时间增加至 272.5 s，比工况 2 增加 50.3%，此时疏散时间的增幅略有放缓，说明当楼层继续增加时，楼梯的负荷达到一定限度，人员的疏散受制于垂直通行能力的瓶颈，而非仅受人数增多的影响。当使用一至五层(工况 4)时，人员总数增加至 2 364

人，但疏散时间仅比工况 3 增加 4.8%。这表明五层的人员较少(167 人)，对整体疏散时间的影响较小。五层的人员主要集中在通向楼梯的区域，且流动较为顺畅，未对疏散时间造成太大延长。

表 5-3 教学楼不同使用层数对人员疏散时间的影响

工况	建筑使用层数	疏散人数/人	疏散时间/s
1	使用一至二层	920	118.0
2	使用一至三层	1 553	181.3
3	使用一至四层	2 197	272.5
4	使用一至五层	2 364	285.5

(2) 楼梯区域的疏散瓶颈分析

从人员密度分布图来看，不同楼层的楼梯口始终是疏散瓶颈区域，人员密度峰值可达 2.5～3.0 人/m^2，远高于走廊和教室区域。特别是在工况 3 和工况 4 中，楼梯口的拥堵尤为明显。在所有工况中，一层的楼梯口人员密度分布较均匀，范围通常在 0.35～2.0 人/m^2。由于一层通向室外的出口较多，人员能够较快疏散，减少了楼梯区域的滞留现象。二层的楼梯口人员密度均高于一层，达到 2.5～3.0 人/m^2，在靠近教室的走廊区域显示出人员滞留较多，疏散过程受到了瓶颈效应的影响。在工况 3 和工况 4 中，三层楼梯口人员的密度呈现出类似二层的分布趋势，但整体密度(2.0～2.5 人/m^2)略低于二层。四层人员的疏散路径较为集中，主要流向楼梯口。由于四层人员总数较三层略少，楼梯口的密度较三层低。五层的人员总数较少(167 人)，疏散过程中楼梯未出现明显拥堵，人员密度基本保持在 1.0～1.5 人/m^2。

综上所述，楼梯口是整个建筑物疏散过程中最关键的瓶颈区域。特别是二层和三层的楼梯口，在所有工况中均出现较高的人员密度，说明这两个楼层是影响整体疏散效率的关键节点。优化楼梯数量、拓宽通行空间或调整人员引导策略是缓解楼梯瓶颈的关键。

(3) 安全出口的使用情况分析

教学楼共设有 9 个安全出口(出口 A 至出口 I)，从各安全出口人流量曲线可以看出，出口 D 是使用最频繁的出口，流量峰值在 4.2～4.5 人/s，疏散总人数超过 420 人。该出口位于建筑物的主通道位置，吸引了大量人员使用。出口 I 和出口 E 的使用率次之，流量峰值在 3.5～3.7 人/s，累积疏散人数在 280～

380 人。出口 H、出口 B 的使用率相对较低，人流量较为平稳，疏散过程中并未承担主要的通行压力。出口 F 的利用率最低，流量峰值在 2.3 人/s 左右，最终疏散总人数少于 70 人，表明该出口在整个疏散过程中作用有限。出口使用情况的差异说明，部分出口(如出口 D、I、E)承担了大部分的疏散任务，而其他出口未被充分利用，人员未被均衡疏散。

(4) 不同楼层的疏散路径特征

从疏散路径图可以观察到，不同楼层的疏散路径特征存在差异：第一层的疏散路径较为均匀，出口的分布较好，未出现严重的局部拥堵；二层和三层的疏散路径较为集中，人员流向楼梯口时密度较高，部分区域出现局部拥堵现象，说明楼梯口是限制疏散速度的关键点；四层的疏散路径较为顺畅，人员主要沿楼梯间垂直疏散，并未在走廊区域形成大规模停滞；五层的疏散路径最为稀疏，表明五层的人员较少，流动受限程度较低。

5.5 优化建议

(1) 楼梯优化：缓解二层及三层的疏散瓶颈

模拟结果显示，二层和三层的楼梯口是人员疏散的主要瓶颈区域，人员密度明显高于其他区域。如在工况 3 中，三层楼梯口的人员密度达到 2.5～3.0 人/m^2，比一层主要出口区域的人员密度高出约 50%。在 136.2 s 时，三层仍有大量人员滞留在楼梯口区域，而一层的主要出口已完成超过 60%的疏散任务。在工况 4 中，四层的人员疏散较为顺畅，但二层和三层的楼梯口仍然是人员聚集的高密度区域，导致整体疏散时间延长至 285.5 s。此外，从疏散路径可以看出，二层和三层的人员主要集中在楼梯口，人员流动方向过于集中，缺乏有效的分流机制。针对上述问题，可通过增设疏散楼梯、拓宽现有楼梯或优化人员分流策略来缓解楼梯拥堵现象，提高人员流动效率。

(2) 安全出口优化：均衡出口使用率，减轻高人流量出口的压力

安全出口的使用情况分析表明，不同出口的使用率差异较大。其中，出口 D、出口 I 和出口 E 的累计疏散人数远高于其他出口。相比之下，出口 F 和出口 H 的利用率极低，表明部分出口存在使用效率低下的问题，导致高人流量出口的压力进一步增加。优化出口使用策略，如增加动态指示系统或调整人员引导方式，可提高低使用率出口的利用率，减少高人流量出口的负担。

(3) 人员流动优化：减少楼梯口及走廊区域拥堵

从人员疏散路径可以看出，二层和三层的楼梯口及部分走廊区域是人员拥堵点。特别是在二层，部分教室的疏散时间比平均疏散时间延长了 35%～40%，主要原因一是远离楼梯的教室疏散路径较长，二是楼梯口等待进入的人员较多，导致局部拥堵。此外，在疏散初期，由于大部分人员同时向楼梯口集中，导致短时间内楼梯口人流量激增，影响整体疏散效率。对于三层及以上楼层，楼梯的容量限制使得垂直疏散速度下降，人员在走廊中出现短暂停留，进一步加剧了疏散压力。因此，合理引导人员分流，减少瓶颈区域人员的滞留时间，可以有效提高疏散效率。

(4) 教室布局优化：减少远离楼梯区域的人员疏散延迟

教学楼的教室布局对人员疏散时间有较大影响，a 类教室由于距离楼梯较远，其人员疏散时间比 b 类和 c 类教室长 25%～35%。在二层和三层，a 类教室的人员需要穿越较长的走廊才能到达楼梯口，导致该区域的人员疏散时间延迟约 40～60 s。在四层，由于楼层较高，楼梯的承载能力有限，远离楼梯的教室疏散时间比靠近楼梯教室长约 1.5 倍。针对该问题，可考虑增设内部连通通道，使远离楼梯的人员能够更快到达疏散通道。此外，调整部分教室的用途，例如将靠近楼梯的房间改为高容量教室，以减少整体疏散时间。

6 基于 Pathfinder 的教师公寓安全疏散模拟研究

6.1 概述

6.1.1 研究背景与意义

随着我国城市化的快速发展，高层和多层住宅建筑的数量显著增加，其中教师公寓作为高校和科研单位的主要居住场所，居住人群复杂，消防安全问题尤为突出。近年来，住宅火灾频发，尤其是高层、多层住宅建筑中，火灾发生时发展迅速、破坏力强，疏散是否及时、安全通道是否畅通直接决定了人员伤亡的严重程度。因此，优化住宅建筑的火灾疏散设计、提高人员的疏散效率已成为消防安全研究的重要内容。

根据国外的火灾统计数据，住宅火灾在总体火灾事件中占据了较大的比例，并且其导致的死亡和伤害数目远高于其他类型的火灾。根据对美国 2012 年火灾的分析，火灾事故的发生数量约为 137.5 万起，造成了超过 120 亿美元的财产损失、16 500 人受伤以及 2 855 人死亡[122]。住宅火灾伤亡所占的比例较高，约占所有火灾死亡人数的 83%。

在澳大利亚新南威尔士州，2005—2014 年间，虽然 Fire and Rescue New South Wales(FRNSW)只报告了 43 707 起住宅火灾事故，但通过估算，实际的住宅火灾事故数量应为 267 815～319 719 起，是官方报告的 6 倍多[123]。说明许多小规模的火灾事故未能被及时报告，并未纳入官方的火灾数据统计中。

此外，伦敦消防局(LFB)对 2009—2020 年间火灾数据的分析指出，尽管住宅火灾仅占所有火灾数量的 28%，但却造成了 87%的火灾死亡和 83%的火灾伤害[124]。近年来火灾发生的频率有所下降，但火灾造成的伤害和死亡比例依然较高。住户在火灾发生时的反应速度、是否依赖火警报警系统、是否遵循正确的疏散程序等都会影响火灾结果。伦敦消防局的数据表明，住宅火灾中的火灾隔离层失效，会使火灾致命的概率增加 1.5～5 倍。如果建筑物内的火灾隔离措施失效，火灾蔓延的速度将大大增加，从而使得疏散时间和人员安全的保障更加困难。

根据中国应急管理部消防救援局的数据，2012—2021 年全国共发生居住场所火灾 132.4 万起，造成 11 634 人遇难、6 738 人受伤，直接财产损失 77.7 亿元[125]。从火灾的区域分布来看，城市地区火灾占火灾总数的 50.5%，其中城市市区发生火灾的比例最大，占 33.1%；其次是县城城区，占 17.4%。与城市地区相比，农村地区的火灾发生率略低，占 47.9%。

教师公寓作为一种特殊的住宅建筑类型，其住户结构较为复杂，包括教师及其家属等。不同住户在火灾疏散中的反应能力和行为特征存在明显差异，因此教师公寓的疏散设计更加复杂，也更具挑战性。2010 年 11 月 15 日，上海市静安区胶州路 728 号的静安教师公寓发生特大火灾，造成 58 人死亡，71 人受伤，直接经济损失高达 1.58 亿元人民币。火灾起因是施工人员无证电焊作业时焊渣引燃了易燃材料，导致火势迅速蔓延。此次事故暴露了高层建筑在施工安全、疏散通道和逃生设施等方面的严重隐患，亟须加强针对性的研究。

(1) 住宅火灾事故原因分析

① 电气设备故障与不当使用

根据中国应急管理部的数据以及国际研究，电气设备老化、电气线路超负荷使用和设备故障常常引发火灾[125]。尤其在老旧住宅中，电气设施未及时更新或检修，极易导致火灾的发生。此外，电器设备的过度使用，尤其是高温设备无人看管，也会引发电气火灾。电气火灾的特殊性在于常常在未得到有效预防的情况下突然发生，且往往蔓延迅速，增加了火灾扑灭的难度。

② 厨房火灾与明火使用不当

厨房是住宅火灾的高发区域，烹饪过程中的油锅着火、燃气泄漏等，都是常见的火灾原因。厨房火灾的特殊性在于火源集中且使用频繁，火灾发生的风险较大。在一些老旧住宅中，燃气管道老化或厨房设备缺乏必要的灭火装置，也增加了火灾的发生概率。研究表明，在很多情况下，居民在厨房发生火灾时未能及时采取有效的应急措施，甚至尝试自行扑灭火源，从而导致火灾蔓延[123]。

③ 居民的火灾安全意识与行为

在一些住宅小区，居民未能定期检查消防设施，如灭火器、烟雾报警器等设备，导致这些设施在关键时刻无法发挥作用。此外，部分居民在火灾发生时选择错误的应对措施，如试图扑灭火源或未能及时疏散，从而加剧了火灾的危害。这种缺乏安全意识的行为在老旧住宅区尤为突出，火灾发生时居民通常由于设施不完善和应急反应不足，无法及时进行有效的应急处置。

(2) 教师公寓疏散难点分析

教师公寓火灾疏散过程中，群体行为对疏散效率的影响尤为明显。教师群体通常具备较高的教育水平和理性思维，但在极端紧急的火灾情境下，这种理性可能被恐慌、情绪传染和群体行为所冲击，从而影响疏散效率。

① 群体行为与“羊群效应”

“羊群效应”是火灾疏散过程中最为突出的群体行为特点之一，即个体在面对突发事件时，往往会不自觉地模仿周围人的行为，缺乏独立判断[126]。教师公寓中的住户虽具备较高的理性思维能力，但在火灾的高压环境下，集体行动常常表现出盲目性。当火灾发生时，教师群体往往不自觉地跟随他人的行动进行撤离，而没有进行充分的判断和规划。这种集体盲从的行为，使得疏散进程极易受到影响，特别是在疏散出口有限、通道狭窄的情况下，住户的过度集中往往造成局部区域的拥堵，严重时可能导致整个疏散过程的瘫痪。

与一般住宅群体不同，教师公寓的住户通常较为关注彼此之间的互动和合作，在火灾中，住户可能表现出更多的相互照应行为，这种情感驱动的群体行为会导致他们在逃生时停留过长，反而延迟了疏散的时机。这种行为模式表明，教师群体在火灾中的群体性和集体决策行为不仅没有有效促进疏散，反而可能增加了集体疏散的风险。

② 情绪反应与理性判断的失衡

火灾是一种强烈的应激事件，在突发的灾难面前，教师群体尽管通常具备较强的理性判断能力，但在紧急火灾情境下，恐惧、焦虑和慌乱等情绪往往会使人群的反应变得非理性[127]。在火灾初期，教师群体的成员可能出于“过度警觉”或“过度谨慎”的心态，导致提前撤离或采取过激的应急行动。这种情绪驱动的行为往往缺乏科学依据，可能导致一些住户错误地选择撤离路径，或在火灾初期未能及时作出反应，从而错过最佳逃生时机。

同时，群体情绪的传染效应使得个体在火灾中的决策更加偏离理性。教师公寓的住户在面对灾难时通常会相互支持和依赖，但这种“情感集体主义”可能在危机时刻演变成无序的行为，进一步加剧疏散过程中的混乱。例如，在看到他人开始撤离时，住户可能会未经过多思考地跟随，忽视了楼道、出口等实际情况，从而导致集体行为的盲目性和疏散路径的拥堵。

③ 逆行行为与非理性撤离

逆行指的是住户未按预定的安全疏散路径行动，而选择反向或错误的撤离路线。在教师公寓的火灾中，由于住户通常较为熟悉建筑结构，他们可能在火灾初期低估火势的严重性，选择返回原本的区域或楼层进行检查，结果导致他们处于更大的危险之中。即便在火灾蔓延后，个体往往因为情绪波动或对火灾初期的判断失误，出现逆行撤离的行为，这一行为不仅增加了个人的伤亡风险，还可能造成整个疏散进程的混乱。

教师群体虽然具备较高的教育背景，但在火灾发生时，许多人往往因为情感上的联系和责任感，如“确认所有人安全”或“寻找家人”等原因，试图回到火源附近或做出错误的决策，可能加剧其他住户的疏散困难，延缓整体撤离进程。

④ 信息不对称与决策的非理性

在火灾发生的初期，很多教师公寓的住户可能无法及时了解火灾的具体位置、火势蔓延速度以及各疏散出口的开放情况，导致个体和群体在做出撤离决策时，往往依赖情绪或直觉而非理性判断[128]。住户可能由于感知不充分或错误的信息，做出不符合安全需求的撤离决策。教师公寓的住户通常具有较强的社会互动能力，但在火灾中，个体的决策往往受到周围他人行为的影响。当住户没有及时获得准确的信息时，他们通常依赖周围人的反应，而这些行为往往并不符合实际疏散需要，从而形成集体的错误行为。

⑤ 集体决策的延迟与行动迟缓

尽管教师群体通常具备较强的决策能力，但在火灾疏散中，群体决策的延迟和个体反应的迟缓是常见的现象。在教师公寓的火灾中，住户往往因为彼此间的相互联系和共同责任，延迟了各自的疏散行动。例如，部分住户可能会先行寻找其他居民或确认亲人情况，导致集体行动的延迟。集体决策中的这种延迟行为，不仅增加了火灾中的疏散时间，还可能导致更多的住户滞留在危险区域，增加了疏散中的混乱和拥堵。

6.1.2 国内外研究现状

(1) 国外研究现状

Proulx[129]通过实验设计观察了 4 座 6～7 层的公寓楼中的疏散时间和人

员运动，指出火灾发生时人员反应延迟、火灾警报的噪音以及住户的疏散方式对疏散效率有重要影响。这一研究对教师公寓火灾疏散方案的设计，特别是考虑到老年人和残障住户的特殊需求具有重要参考意义。

Kuligowski 和 Peacock[44]对 30 种建筑疏散模型进行了全面的评估，涵盖了 FPETool、Simulex 和 LEGION 等多个疏散模型。不仅模拟了传统的楼梯疏散，还考虑电梯、天桥等非传统疏散方式，为高层建筑的火灾疏散设计提供了多种选择。

Kinateder 等[130]回顾了火灾疏散中的风险感知问题，研究指出住户在火灾发生时常低估火灾的严重性，导致延迟疏散。该研究强调了提升住户火灾风险感知和早期疏散决策的重要性，对制定有效的火灾应急响应和疏散策略至关重要。

在高层住宅的火灾疏散中，人类行为扮演着关键角色。Gerges 等[131]通过对英国多层住宅建筑中住户的行为进行研究，发现住户在火灾疏散时往往选择他们习惯的路线，并且表现出从众行为。研究还发现，尽管现代电梯技术已能够支持火灾时的使用，但许多住户仍然避免在火灾中使用电梯，这对于疏散策略的制定具有重要影响。

Gerges 等[132]研究了智能手机在火灾疏散中的潜力，表明智能手机可以通过定制化的疏散指示帮助住户找到最快和最安全的疏散路线。尽管这一技术在研究中仍处于初步阶段，但其未来潜力巨大，能够为高层住宅的火灾疏散提供精准的实时指导。

在对宿舍楼火灾安全进行评估时，Abass 等[133]研究了贝尔大学宿舍楼的被动火灾安全方法，发现现有的被动火灾防护措施不足以满足建筑法规标准。因此，该研究建议在设计阶段就应考虑充分的被动火灾保护措施。

Cordeiro 等[134]提出，通过分析住户的火灾疏散行为，可以预测在火灾发生时住户的行动将受到建筑环境、火灾条件以及个体差异的影响。该研究通过对超过 1 000 份问卷的分析，创建了一个火灾疏散行为的趋势型模型，强调了环境因素、个体差异以及心理因素对疏散效率的影响。

(2) 国内研究现状

高层住宅火灾疏散的研究始于对火灾蔓延和人员疏散行为的模拟。李建霖等[135]采用 FDS 火灾模拟软件和 Pathfinder 疏散仿真软件，对高层住宅火灾时的疏散进行模拟研究，发现通过关闭防火门可有效阻止火灾烟气蔓延，增加疏散出口宽度可以缩短疏散时间。此外，刘朝峰等[136]通过对 26 层装配式高层住宅的火灾疏散进行数值模拟，探讨了电梯协同楼梯疏散的可行性。研究表明，在火灾情况下，结合电梯与楼梯的协同使用可以提高疏散效率，并且电梯的最佳停靠层为 23 层，疏散总时间约为 6 分钟，比单独使用楼梯疏散提高了约 15％。这些研究表明，合理优化高层住宅的疏散设施和策略对于提高火灾时的疏散效率至关重要。

研究人员还关注了火灾发生时，人员的心理反应对疏散效率的影响。陈长坤等[137]通过问卷调查分析了突发火灾中的人员疏散心理和行为。结果表明，火灾发生时，约 90％的人员表现出恐慌情绪，69％的人员表现出竞争行为，62％的人表现出避让行为。研究还发现，女性比男性更容易表现出从众行为，疏散教育培训对提高人员的疏散意识有明显作用。

高层住宅建筑的火灾疏散不仅仅依赖于建筑设计，还与建筑的管理和使用状态密切相关。王江波等[138]分析了高层住宅小区的火灾疏散风险，指出建筑内部的隐患，如疏散通道被堵塞、管理不到位等，往往会在火灾发生时加剧疏散困难。在火灾情况下，疏散通道的障碍物、狭窄的门窗以及外部救援难度等因素都可能导致严重的后果。

在一些复杂的建筑形式中，如连体宿舍楼，火灾疏散的难度更大。李琰等[139]研究了某高层连体宿舍楼的火灾模拟与疏散问题，发现连廊在疏散过程中起着至关重要的作用。通过火灾模拟和人员疏散仿真，研究提出了加强连廊管理、合理安排居住人员、增加连廊层数以及设置可移动的外挂楼梯等措施可以有效提高疏散效率。

在高层住宅建筑的火灾疏散设计中，存在一些常见的设计问题，如两个安全出口之间设置连廊、前室相互连通等。张少见等[140]结合现行消防技术规范，分析了高层住宅在火灾疏散设计中的典型问题，提出了改进建议。例如，避免将居民从同一出口疏散，建议采用多个出口分散疏散流量，并加强火灾初期的烟气控制措施，以延长人员的安全疏散时间。

国内针对高层住宅火灾疏散的研究逐渐深入，涵盖了火灾模拟、人员疏散行为分析、疏散策略优化等多个方面。在未来的研究中，如何进一步完善火灾疏散设计、提高人员疏散效率以及加强应急管理，将是亟待解决的重要问题。

6.2 Pathfinder 疏散场景建立

6.2.1 教师公寓楼模型建立

本教师公寓建筑面积为 2 553.3 m^2，建筑高度有 18.45 m，共 6 层，无地下室。第一层至第六层的建筑面积都为 425.55 m^2，第一层设置 11 间宿舍，其中有 4 个无障碍宿舍、1 个值班室；第二层至第六层每层有 12 间宿舍，其中每间宿舍都有独立卫生间与阳台，每个宿舍只有一个门口通向走廊。将该教师公寓的 CAD 图导入 Pathfinder 软件，建立的 Pathfinder 模型如图 6-1 所示。

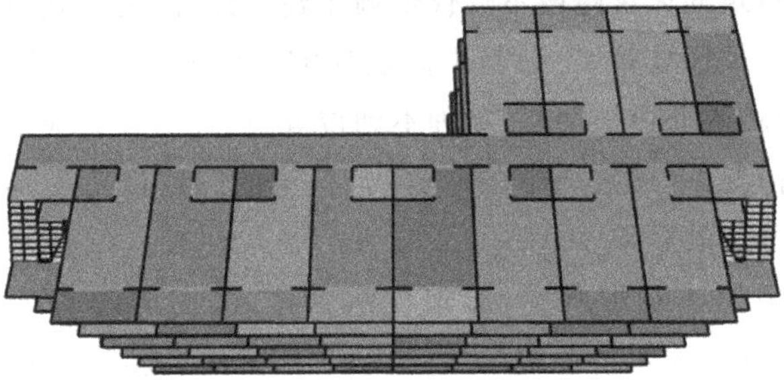

图 6-1　教师公寓 Pathfinder 模型图

6.2.2 教师公寓楼疏散参数设置

教师公寓的人员配备比例通常取决于建筑面积、房间布局、床位数及教育机构的具体管理要求。参考《消防安全工程 第 9 部分：人员疏散评估指南》(GB/T 31593.9—2015)[98]相关参数并结合宿舍建筑的特点，设置不同年龄段人群的逃生速度、肩宽及身高范围，如表 6-1 所列。

表 6-1　教师公寓疏散人员特征参数设定

人员类型	平地逃生速度/(m/s)	楼道逃生速度/(m/s)	平均肩宽/cm	身高/m
成年人	1.2	0.8	40	1.5～1.8
中老年人	0.8	0.6	40	1.5～1.7
儿童	0.9	0.7	20	1.1～1.5

在本模拟研究中未设置办公桌、床铺等障碍物，设置所有人员随机分布于宿舍内，疏散通道内不存在障碍物，所有疏散路径均可正常通行，且人员流动方向与建筑疏散设计一致。

教师公寓共设有两个直通室外的安全出口及两个楼梯，分别位于建筑左右两侧，如图 6-2 所示。

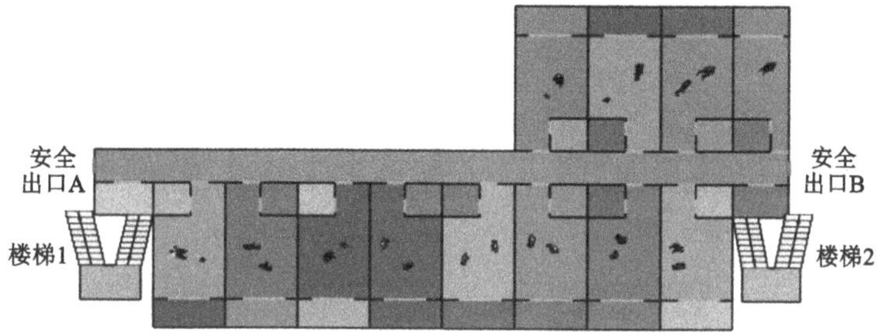

图 6-2　教师公寓一层安全出口及楼梯位置示意图

6.3　人员密度对疏散效率的模拟分析

6.3.1　工况 1:楼内人员密度为 12 $m^2$1 个人

设置该教师公寓楼内人员密度为 12 $m^2$1 个人，即每层楼人员均为 23 人，总人数为 138 人，人员分布见图 6-3。模拟分析得到全员疏散所需时间为 147 s。

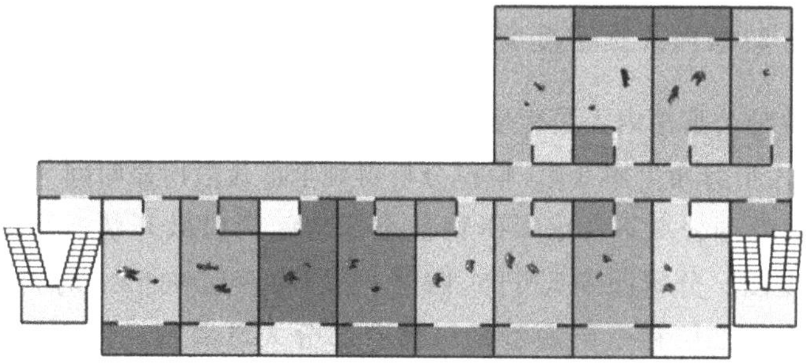

图 6-3　工况 1 教师公寓楼内人员密度为 12 $m^2$1 个人时的初始人员分布示意图

图 6-4 为教师公寓不考虑障碍物且全部房间门口敞开状态下 60 s 时各层疏散人员密度图。分析图 6-4 可知，五、六层在 60 s 内人员已疏散完毕，四层在此时仍有少部分人员未完全疏散，一层的人员密度较二层和三层更为集中，楼梯间区域依然有较多人员未能及时疏散。60 s 时，所有楼层的人员密度均未超过 2.5 人/m^2。

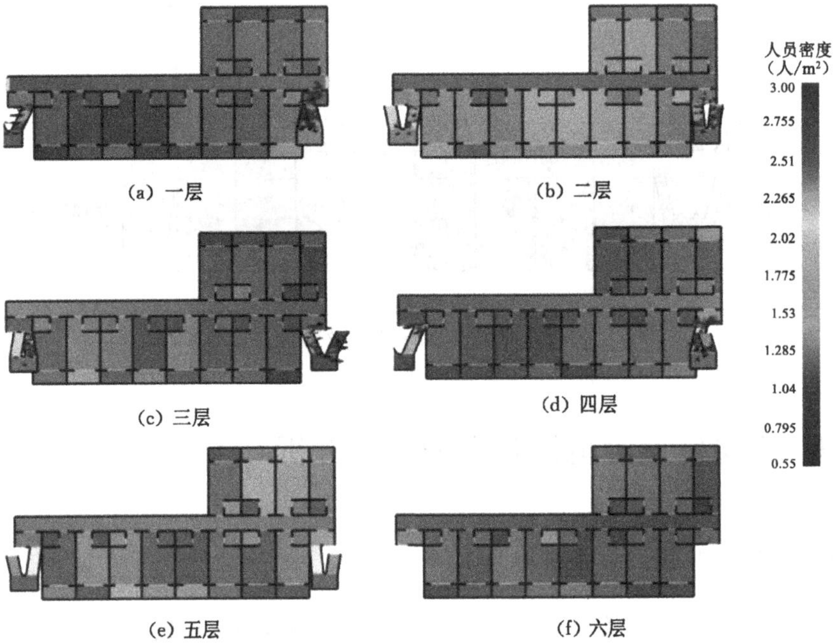

图 6-4 工况 1 教师公寓 60 s 时各层疏散人员密度图

6.3.2 工况 2:楼内人员密度为 8 m²1 个人

设置该教师公寓楼内人员密度为 8 $m^2$1 个人，即每层楼人员均为 35 人，总人数为 210 人，人员分布见图 6-5。模拟分析得到全员疏散所需时间为 165.5 s。

图 6-6 为教师公寓不考虑障碍物且全部房间门口敞开状态下 60 s 时各层疏散人员密度图。分析图 6-5 可知，四层、五层和六层在 60 s 时人员已全部疏散完毕，而一层、二层和三层的楼梯口仍有部分人员滞留。低楼层的楼梯处人员密度超过 3 人/m^2，原因是来自高楼层的人员正在通过楼梯下行，导致低楼层的楼梯口聚集了大量人员，形成了疏散瓶颈。工况 2 下建筑内总人数较工况 1 多，加剧了楼梯中的拥堵现象。

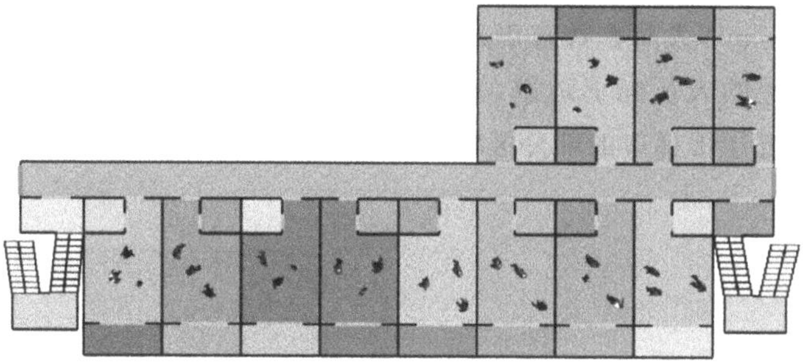

图 6-5　工况 2 教师公寓楼内个人员密度为 8 $m^2$1 人时的初始人员分布示意图

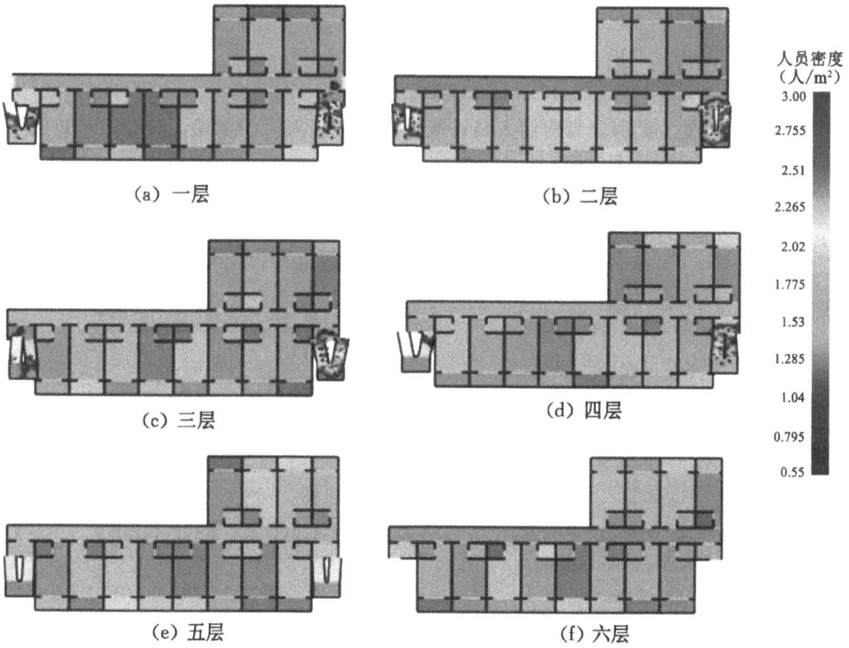

图 6-6　工况 2 教师公寓 60 s 时各层疏散人员密度图

6.3.3　工况 3:楼内人员密度为 5 $m^2$1 个人

设置该教师公寓楼内人员密度为 5 $m^2$1 个人，即每层楼人员均为 59 人，总人数为 354 人，人员分布见图 6-7。模拟分析得到全员疏散所需时间为 227 s。

图 6-8 为教师公寓不考虑障碍物且全部房间门口敞开状态下 60 s 时各层

疏散人员密度图。分析图 6-8 可知，60 s 时，一层、二层和三层楼梯口的人员密度超过了 3 人/m^2，人员非常密集并形成了拥堵现象。这是由于该工况下人员总数多，高楼层的人员向下疏散，导致低层楼梯口集中大量人员加剧了拥堵。此时，四层和五层楼梯口的部分区域人员密度也超过了 3 人/m^2，六层则已疏散完毕。

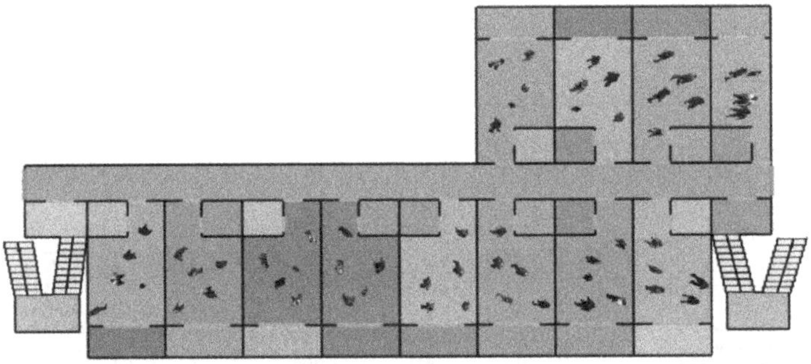

图 6-7　工况 3 教师公寓房间人员密度为 5 $m^2$1 个人时的初始人员分布示意图

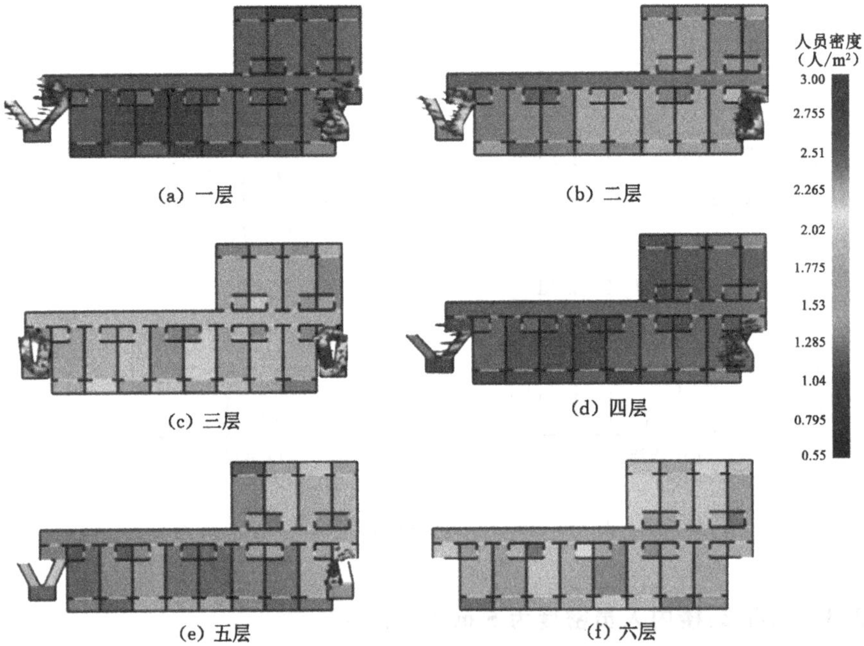

图 6-8　工况 3 教师公寓 60 s 时各层疏散人员密度图

6.4 小结

如表 6-2 所列，工况 1 的疏散时间为 146.5 s，工况 2 为 165.5 s，工况 3 为 227 s，即工况 1 的疏散时间最短，工况 3 的疏散时间最长。由此可见，随着教师公寓人员数量的增多，疏散所需的总时间明显增加。

表 6-2 教师公寓不同人员密度对人员疏散时间的影响

工况	楼内人员密度	每层人数	总人数	疏散时间/s
1	12 m^2 1 个人	23	138	146.5
2	8 m^2 1 个人	35	210	165.5
3	5 m^2 1 个人	59	354	227

图 6-9 所示为不同工况下 120 s 时教师公寓一层人员密度情况。由图可见，在工况 1 中人员流动顺畅，左侧楼梯的人员已成功疏散，右侧楼梯有轻微的拥堵，但整体上疏散效率较高，人员能够快速有序地通过楼梯；在工况 2 中，随着人员数量增加，右侧楼梯人员开始出现明显的拥堵，楼梯区域人员密度超过了 3 人/m^2；在工况 3 中，人员数量达到最多，疏散效率低，左侧楼梯显示有部分人员滞留在楼梯口，右侧楼梯人员密度更高，造成严重的拥堵。这说明右侧楼梯比左侧更容易出现拥堵。

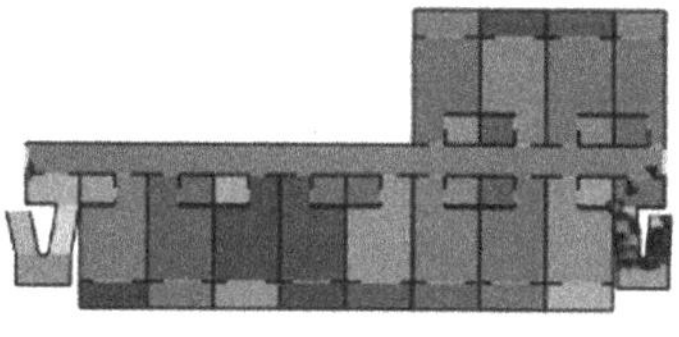

(a) 工况 1

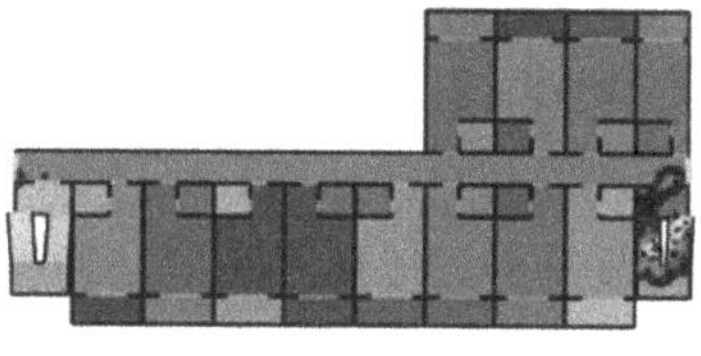

(b) 工况 2

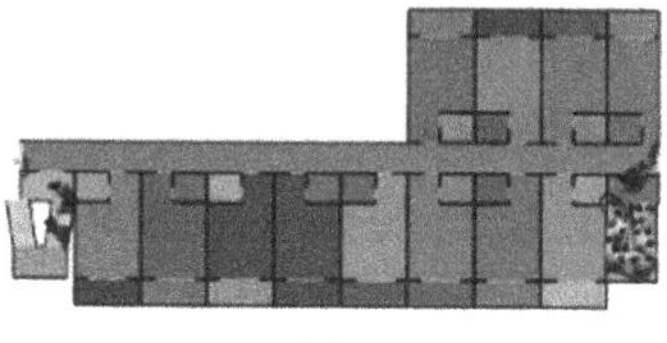

(c) 工况 3

图 6-9 教师公寓一层 120 s 时疏散人员密度对比图

3 种工况下教师公寓一层的疏散路径对比如图 6-10 所示。结合图 6-10 和图 6-11 可以看出,在不同工况下人员始终倾向于选择最近的安全出口,而没有考虑避开拥堵的出口。随着人数的增加,右侧楼梯的人员流动变得拥挤,但大部分人员仍然选择通过该楼梯进行疏散,而没有转向较空闲的左侧楼梯。随着公寓内人员数量的继续增加,右侧楼梯附近房间的人员更多,导致该区域的拥堵情况逐渐加剧。

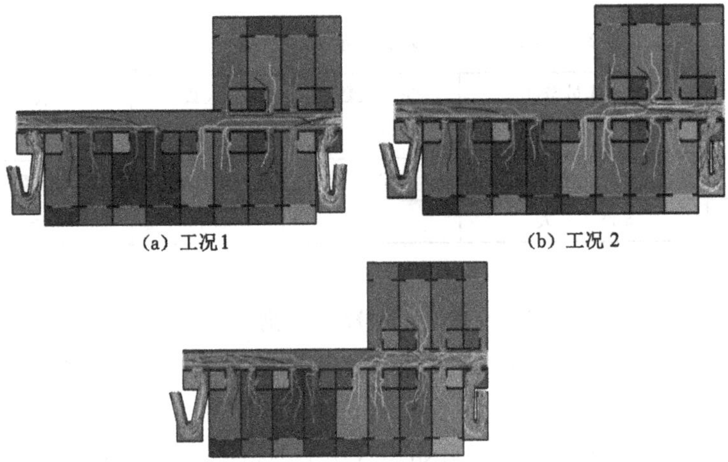

(a) 工况1　(b) 工况 2

(c) 工况 3

图 6-10　教师公寓一层疏散路径对比图

6.5　优化建议

(1) 疏散通道与楼梯布局的结构性优化

模拟数据分析显示,教师公寓楼右侧楼梯位置频繁出现严重的疏散瓶颈问题,显著降低了疏散效率,因此建议通过拓宽楼梯净宽来提高楼梯及疏散通道的整体通行能力。此外,应在楼梯间的转弯处以及出口区域增设缓冲空间,以减少人员流动过程中产生的阻塞现象。根据《建筑防火通用规范》(GB 55037—2022)要求,对于建筑高度大于 18 m 的住宅,疏散楼梯净宽不应小于 1.1 m。考虑到教师公寓的特殊群体属性与空间结构限制,建议优先针对瓶颈区域尤其是右侧楼梯进行适当扩宽改造,同时增加中间疏散平台以缓解人员流动压力。

(2) 智能化差异化疏散引导策略

模拟分析指出，人员在紧急情况下倾向于盲目跟随，并忽略合理的疏散路径。因此，建议在教师公寓内安装先进的智能化疏散指引系统，通过传感器技术与人工智能算法实时监测疏散通道与出口区域的人员流量和密度，动态调整疏散指引路径。同时，结合语音广播与电子屏幕实时发布路径拥堵信息及推荐路线，降低群体盲从行为的负面影响，提高疏散效率。

（3）动态人员密度管理措施

模拟研究表明宿舍房间内部人员密度直接影响疏散效率，因此建议教师公寓严格实施动态人员入住控制措施。以 12 $m^2$1 个人（工况 1）作为日常管理人员入住上限，严格控制并定期检查房间入住人数，防止人员过密带来的安全风险。此外，应建立入住人数调整预案，以灵活应对特殊时期的人员密度变化，进一步降低火灾风险。

（4）定期开展应急疏散演练与安全意识培养

人员安全意识和应急行为在疏散效率中发挥重要作用。鉴于教师群体在火灾中可能出现的群体决策迟缓和非理性撤离，建议定期开展多样化的应急疏散演练，包括模拟各种情绪和决策情景，提高教师群体的紧急事件应对能力。同时，加强火灾安全教育和心理应激训练，提升个体及群体面对突发事件时的理性判断与有效行动能力，减少逆行和非理性撤离行为。

（5）应急通信与报警系统的优化升级

在火灾初期，信息不对称和情绪恐慌显著影响疏散决策。因此，建议优化升级应急通信及火灾报警系统，加强通信覆盖与可靠性，确保在紧急情况下能够迅速通知所有人员。同时，完善火灾报警系统，实时监测并定位火灾发生位置及蔓延趋势，提供明确的疏散指导。此外，在楼梯和主要通道配置紧急联络设备，便于人员实时反馈并获取帮助，减少信息不对称带来的混乱。

（6）紧急疏散时的心理与情绪管理

在教师公寓这一特殊居住群体中，由于住户之间的相互依赖和情感联系，情绪波动可能导致疏散延误。建议在疏散通道中设置心理干预措施，如通过广播系统传达冷静、理智的疏散指示，并通过提前设计的疏散演练帮助住户在火灾时更加冷静地做出决策。通过有效的心理干预，可以减少情绪驱动的非理性行为，提高整体的疏散效率。

参考文献

[1] 杨继仓,姜明理.高校的火灾隐患及防火对策[J].消防科学与技术,2012,31(6):647-649.

[2] 贾子若.高等学校学生宿舍火灾风险综合评价研究[D].北京:北京交通大学,2009.

[3] 赵辉,张友志,苟雅丽.考虑环境熟悉度和恐慌传播的人员疏散仿真研究[J].中国安全生产科学技术,2024,20(11):124-130.

[4] 李杰,陈伟炯.Pathfinder 安全疏散应用研究综述[J].消防科学与技术,2019,38(10):1381-1384.

[5] 常晨.基于 Pathfinder 的高校建筑群人员安全疏散研究[D].西安:西京学院,2021.

[6] 霍非舟.建筑楼梯区域人员疏散行为的实验与模拟研究[D].合肥:中国科学技术大学,2015.

[7] 中华人民共和国教育部.2023 年全国教育事业发展基本情况 [EB/OL].[2024-3-1].http://www.moe.gov.cn/fbh/live/2024/55831/sfcl/202403/t20240301_1117517.html.

[8] 周媛媛,李润求,陈卫剑.基于"2-4"模型的高校火灾原因分析:以 2000—2022 年 143 起高校火灾事故为样本[J].科技创新与应用,2024,14(4):97-101.

[9] 刘世松.高层建筑火灾疏散研究[D].北京:北京建筑大学,2020.

[10] 王俊峰.学校消防安全策略研究[J].齐齐哈尔大学学报(自然科学版),2012,28(5):81.

[11] 宋尚月.火灾情境下恐慌心理对人员疏散的影响研究[D].西安:长安大

学,2022.

[12] 周婷.某高校实验楼火灾应急疏散模拟研究[D].廊坊:华北科技学院,2024.

[13] 杜城显.基于结构熵权法的高校火灾风险评估研究[D].重庆:重庆大学,2016.

[14] RUBADIRI L,NDUMU D T,ROBERTS J P. Predicting the evacuation capability of mobility-impaired occupants[J]. Fire technology, 1997, 33 (1):32-53.

[15] PURSER D A,BENSILUM M. Quantification of behaviour for engineering design standards and escape time calculations[J]. Safety science, 2001,38(2):157-182.

[16] PIRES T T. An approach for modeling human cognitive behavior in evacuation models[J]. Fire safety journal,2005,40(2):177-189.

[17] TONG D,CANTER D. The decision to evacuate:a study of the motivations which contribute to evacuation in the event of fire[J]. Fire safety journal,1985,9(3):257-265.

[18] FAHY RITA F,PROULX GUYLÉNE. Toward creating a database on delay times to start evacuation and walking speeds for use in evacuation modeling[C]. The 2nd international symposium on human behaviour in fire,F,2001,Boston,MA,USA.

[19] GALEA E. SFPE Engineering Guide to Human Behavior in Fire[Z]. Society of Fire Protection Engineers,2003.

[20] SIME J D. An occupant response shelter escape time (ORSET) model [J]. Safety science,2001,38(2):109-125.

[21] JIN T. Visibility and human behavior in fire smoke[J]. Fire safety journal,1997(5):3-21.

[22] ROBERTSON B S,DUNNE C H. Wayfinding for visually impaired users of public buildings[J]. Journal of visual impairment & blindness,1998,92 (5):349-354.

[23] ROBERTSON B S. British antidiscrimination legislation and wayfinding in buildings in Scotland[J]. Journal of visual impairment & blindness, 2001,95(2):69-79.

[24] AVERILL J D, MILETI D, PEACOCK R, et al. Federal investigation of the evacuation of the world trade center on September 11, 2001[M]//Pedestrian and Evacuation Dynamics 2005. Berlin, Heidelberg: Springer Berlin Heidelberg, 2007: 1-12.

[25] GWYNNE S, GALEA E R, OWEN M, et al. A review of the methodologies used in the computer simulation of evacuation from the built environment[J]. Building and environment, 1999, 34(6): 741-749.

[26] BARNETT M, BRUCK D, JAGO A. Mean annual probability of having a residential fire experience throughout a lifetime: development and application of a methodology[J]. Fire safety science, 2007, 7: 85-85.

[27] KULIGOWSKI E D. Human behavior in fire[M]//SFPE handbook of fire protection engineering. New York: Springer New York, 2016: 2070-2114.

[28] CHANG C H, HUANG H C. A water requirements estimation model for fire suppression: a study based on integrated uncertainty analysis[J]. Fire technology, 2005, 41(1): 5-24.

[29] PURSER D A. Combustion toxicity[M]//SFPE handbook of fire protection engineering. New York: Springer New York, 2016: 2207-2307.

[30] NAGAI R, NAGATANI T, ISOBE M, et al. Effect of exit configuration on evacuation of a room without visibility[J]. Physica A: statistical mechanics and its applications, 2004, 343: 712-724.

[31] JOHNSON C W. Lessons from the evacuation of the world trade centre, 9/11 2001 for the development of computer-based simulations[J]. Cognition, technology & work, 2005, 7(4): 214-240.

[32] PROULX G. A stress model for people facing a fire[J]. Journal of environmental psychology, 1993, 13(2): 137-147.

[33] SIME J D. Affiliative behaviour during escape to building exits[J]. Journal of environmental psychology, 1983, 3(1): 21-41.

[34] GRAHAM T L, ROBERTS D J. Qualitative overview of some important factors affecting the egress of people in hotel fires[J]. International journal of hospitality management, 2000, 19(1): 79-87.

[35] LØVS G G. Models of wayfinding in emergency evacuations[J]. European

journal of operational research,1998,105(3):371-389.

[36] DONALD I,CANTER D. Behavioural aspects of the King's cross disaster[M]//Fires and human behaviour. London:Routledge,2024:15-30.

[37] BRUCK D. The who,what,where and why of waking to fire alarms:A review[J]. Fire safety journal,2001,36(7):623-639.

[38] RAUBAL M,EGENHOFER M J. Comparing the complexity of wayfinding tasks in built environments[J]. Environment and planning B:planning and design,1998,25(6):895-913.

[39] PROULX G,KYLE B,CREAK J. Effectiveness of a photoluminescent wayguidance system[J]. Fire technology,2000,36(4):236-248.

[40] PAULS J. The movement of people in buildings and design solutions for means of egress[J]. Fire technology,1984,20(1):27-47.

[41] BENTHORN L,FRANTZICH H. Fire alarm in a public building:how do people evaluate information and choose an evacuation exit? [J]. Fire and materials,1999,23(6):311-315.

[42] PROULX G,LAROCHE D. Study shows low public recognition of the temporal-three evacuation signal [J]. Construction innovation, 2001, 6(4):1-6.

[43] FAHY R F. Exit 89-an evacuation model for high-rise buildings-model description and example applications[J]. Fire safety science, 1994, 4: 657-668.

[44] KULIGOWSKI E D,PEACOCK R D. A review of building evacuation models[R]. National Institute of Standards and Technology,2005.

[45] HELBING D,FARKAS I,VICSEK T. Simulating dynamical features of escape panic[J]. Nature,2000,407(6803):487-490.

[46] HELBING D,ISOBE M,NAGATANI T,et al. Lattice gas simulation of experimentally studied evacuation dynamics[J]. Physical review E,statistical,nonlinear,and soft matter physics,2003,67(6 Pt 2):067101.

[47] SPEARPOINT M,ARNOTT M,XIE H,et al. Comparative analysis of two evacuation simulation tools when applied to high-rise residential buildings[J]. Safety science,2024,175:106515.

[48] 曹祥红,李欣妍,魏晓鸽,等. 基于 Dijkstra-ACO 混合算法的应急疏散路径

动态规划[J].电子与信息学报,2020,42(6):1502-1509.
[49] 李晟延,马鸿雁,窦嘉铭,等.教学建筑室内火灾应急疏散路径寻优算法研究[J].消防科学与技术,2022,41(8):1066-1072.
[50] 谢明峰,鲁义.高校教学楼火灾与人员疏散模拟研究[J].消防科学与技术,2021,40(1):85-90.
[51] 张蒙.基于 BIM 的高层建筑消防应急疏散仿真研究[D].西安:西安理工大学,2020.
[52] 曹思琪,孙玉梅,宋志刚,等.火灾下传统村落建筑群应急疏散路线规划[J].消防科学与技术,2023,42(1):69-74.
[53] 王立晓,杨振振.考虑心理潜变量的图书馆火灾疏散行为研究[J].消防科学与技术,2023,42(5):658-664.
[54] YAO Y S,LU W,WANG L C. Experimental study on evacuation behaviour of children in a three-storey kindergarten[J]. Heliyon,2023,9(6):e16533.
[55] 陈子欣,任祥霞,房志明,等.包含不同类型残疾人群的混合人群疏散实验与模拟研究[J].建模与仿真,2024(3):3222-3232.
[56] SHAO X W,YE R,WANG J H,et al. Progress and prospects in crowd safety evacuation research in China[J]. Emergency management science and technology,2023,3(1):1-20.
[57] 刘纪达,郭亚男,车强,等.消防安全研究进展与前沿分析[J].消防科学与技术,2020,39(3):311-314.
[58] 唐俊然."智慧消防"在防火监督业务中的应用现状与前景分析[J].武警学院学报,2018,34(6):93-96.
[59] 浦天龙,鲁广斌.现代城市智慧消防建设探讨[J].人民论坛·学术前沿,2019(5):50-55.
[60] WANG P,DAI H T,YU X H,et al. Fire-spread characteristics and evacuation plan optimization of old style multi-story student apartments[J]. Fire,2024,7(3):72.
[61] ZHENG H T,ZHANG S C,ZHU J Q,et al. Evacuation in buildings based on BIM:Taking a fire in a university library as an example[J]. International journal of environmental research and public health,2022,19(23):16254.
[62] DENG H,OU Z B,ZHANG G J,et al. BIM and computer vision-based

framework for fire emergency evacuation considering local safety performance[J]. Sensors,2021,21(11):3851.

[63] XU M B,PENG D H. PyroSim-based numerical simulation of fire safety and evacuation behaviour of college buildings[J]. International journal of safety and security engineering,2020,10(2):293-299.

[64] 倪照鹏.《建筑设计防火规范》发展综述[J]. 工程建设标准化,2020(5):20-31.

[65] 中华人民共和国住房和城乡建设部. 建筑设计防火规范:GB 50016—2014[S]. 北京:中国计划出版社,2014.

[66] 中华人民共和国住房和城乡建设部. 建筑设计防火规范(2018 年版):GB 50016—2014[S]. 北京:中国计划出版社,2018.

[67] 雷鸣,杨民,高复阳,等. 基于 PyroSim 和 Pathfinder 的高校实验楼火灾疏散安全性分析与优化[J]. 安全与环境工程,2023,30(3):36-44.

[68] 杨民. 基于 BIM 的高校实验楼火灾疏散仿真及设计优化研究[D]. 荆州:长江大学,2023.

[69] 黄瀚锋. 中庭教学楼火灾烟气模拟与疏散对策研究[D]. 成都:西南石油大学,2015.

[70] 王新波. ZY 大学建筑火灾风险评估及对策研究[D]. 北京:北京交通大学,2022.

[71] 刘贵,张格梁. 对《建筑设计防火规范》通用技术权威性的思考[J]. 消防科学与技术,2008,27(12):889-891.

[72] 刘德祥. BIM 技术在综合实验教学楼消防应急管理中的应用研究[D]. 大连:大连海洋大学,2019.

[73] 张渤苓,袁江滢,罗粒侨. 高校宿舍火灾风险评估研究[J]. 中国公共安全(学术版),2019(2):62-65.

[74] 中华人民共和国住房和城乡建设部. 建筑防火通用规范:GB 55037—2022[S]. 北京:中国计划出版社,2022.

[75] PAN Z H,WEI Q C,TORP O,et al. Influence of evacuation walkway design parameters on passenger evacuation time along elevated rail transit lines using a multi-agent simulation[J]. Sustainability,2019,11(21):6049.

[76] WANG J Y,MA J,LIN P. Effect of architectural adjustments on pedestrian flow at bottleneck[J]. Collective dynamics,2020,5:167-172.

[77] 郭思海.基于数值模拟的人员疏散设计优化研究[D].淮南:安徽理工大学,2017.

[78] 中华人民共和国住房和城乡建设部.中小学校设计规范:GB 50099—2011[S].北京:中国建筑工业出版社,2012.

[79] 中华人民共和国住房和城乡建设部.办公建筑设计标准:JGJ/T 67—2019[S].北京:中国建筑工业出版社,2020.

[80] 浙江省住房和城乡建设厅.《浙江省消防技术规范难点问题操作技术指南(2020 版)》部分条文执行问题的专家意见[R].杭州:浙江省住房和城乡建设厅,2023.

[81] 大连市住房和城乡建设局.大连市建设工程消防设计审查验收技术指南(2023 年版)[R].大连:大连市住房和城乡建设局,2023.

[82] 山东省建设工程施工图审查中心.山东省施工图审查常见问题解答:第一册房屋建筑·2023 年版[R].济南:山东省住房和城乡建设厅,2023.

[83] 江苏省建设工程设计施工图审查中心.2023 江苏省建设工程施工图设计审查技术问答:建筑专业[R].南京:江苏省住房和城乡建设厅,2023.

[84] 江苏省建设工程设计施工图审查中心.2023 江苏省建设工程施工图设计审查技术问答:暖通专业[R].南京:江苏省住房和城乡建设厅,2023.

[85] 谢飞.大学生宿舍安全管理现状的分析及对策[D].北京:中国地质大学(北京),2018.

[86] 许锐,原兴霞,郑莹莹,等.高校宿舍楼火灾及人员疏散数值研究[J].火灾科学,2017,26(4):244-250.

[87] HUANG Y H,GUO Z Y,CHU H,et al. Evacuation simulation implemented by ABM-BIM of unity in students' dormitory based on delay time [J]. ISPRS international journal of geo-information, 2023, 12(4):160.

[88] ZHANG Q,YU F,GAO S,et al. Experimental and numerical study on rapid evacuation characteristics of staircases in campus buildings[J]. Buildings,2022,12(6):848.

[89] SAFARI M,AFKHAMI R,AMERZADEH M,et al. Simulation of fire emergency evacuation in a primary school based on pathfinder software [J]. Buildings,2025,15(1):90.

[90] LUH P B,WILKIE C T,CHANG S C,et al. Modeling and optimization

of building emergency evacuation considering blocking effects on crowd movement[J]. IEEE transactions on automation science and engineering, 2012,9(4):687-700.

[91] SANNI-ANIBIRE M O,HASSANAIN M A. An integrated fire safety assessment of a student housing facility[J]. Structural survey, 2015, 33(4/5): 354-371.

[92] HEZAM I M,NAYEEM M K,LEE G M. A systematic literature review on mathematical models of humanitarian logistics[J]. Symmetry, 2021, 13(1):11.

[93] 高进东. 高校学生宿舍火灾风险的灰关联评估[J]. 科技导报,2013,31(增刊2):94-98.

[94] 王少强,王如猛. 基于模糊综合评价法的高校学生宿舍火灾安全分析研究[J]. 华北科技学院学报,2017,14(5):91-96.

[95] 王丽,曾坚,任常兴. 基于FDS+EVAC的某高校学生宿舍楼火灾疏散能力研究[J]. 中国安全生产科学技术,2018,14(1):136-142.

[96] 李琳,程远平,吴蕾,等. 高校学生宿舍消防安全疏散[J]. 消防科学与技术,2010,29(2):122-125.

[97] 邹馨捷,萨木哈尔·波拉提,郝明,等. 基于PyroSim和Pathfinder的高校学生宿舍火灾人员疏散安全性模拟分析[J]. 安全与环境工程,2020,27(4):195-200.

[98] 国家质量监督检验检疫总局,中国国家标准化管理委员会. 消防安全工程 第9部分:人员疏散评估指南:GB/T 31593.9—2015[S]. 北京:中国标准出版社,2015.

[99] 梅晓杰. 基于模糊法评价教学楼火灾风险[J]. 华北科技学院学报,2021,18(2):104-108.

[100] 楚航. 高校火灾事故突发事件应急管理决策研究[D]. 天津:天津工业大学,2021.

[101] KULIGOWSKI E D,HOSKINS B L. Analysis of occupant behavior during a highrise office building fire[M]//Pedestrian and evacuation dynamics. Boston,MA:Springer US,2011:685-697.

[102] OVEN V A,CAKICI N. Modelling the evacuation of a high-rise office building in Istanbul[J]. Fire safety journal,2009,44(1):1-15.

[103] GAO S,CHANG C,LIU Q,et al. Study on the optimization for emergency evacuation scheme under fire in university building complex[J]. Heliyon,2023,9(3):e14277.

[104] 崔洪旭. 办公大楼火灾事故风险评价方法与指标体系研究:以某综合办公大楼为例[D]. 昆明:昆明理工大学,2020.

[105] 李利敏. 办公建筑室内可燃物燃烧特性实验及火灾危险性分析[D]. 徐州:中国矿业大学,2014.

[106] 黄有波,吕淑然,杨凯. 大型办公场所火灾与应急疏散研究[J]. 消防科学与技术,2015,34(8):1005-1009.

[107] 陶松. 高层办公建筑人员疏散及灭火救援技战术基础研究[D]. 重庆:重庆大学,2014.

[108] 张小英,马晓茜,陶平. 高层建筑火灾时的人员安全疏散性能[J]. 华南理工大学学报(自然科学版),2008,36(6):124-126.

[109] 黄文诺. 高层写字楼火灾模拟及消防设施与人员疏散优化研究[D]. 湘潭:湖南科技大学,2022.

[110] 国家市场监督管理总局,国家标准化管理委员会. 中国成年人人体尺寸:GB/T 10000—2023[S]. 北京:中国标准出版社,2023.

[111] 中华人民共和国公安部. 人员密集场所消防安全评估导则:GA/T 1369—2016[S]. 北京:中国标准出版社,2017.

[112] 方正. 高校校园火灾原因分析及其对策[J]. 湖北理工学院学报,2019,35(1):13-17.

[113] HASSANAIN M A,ALJUHANI M,HAMIDA M B,et al. A framework for fire safety management in school facilities[J]. International journal of built environment and sustainability,2022,9(2):1-9.

[114] RICHARDSON O,JALBA A,MUNTEAN A. Effects of environment knowledge in evacuation scenarios involving fire and smoke:a multiscale modelling and simulation approach[J]. Fire technology,2019,55(2):415-436.

[115] CHOI M,CHI S. Optimal route selection model for fire evacuations based on hazard prediction data[J]. Simulation modelling practice and theory,2019,94:321-333.

[116] LI J J,ZHU H Y. A risk-based model of evacuation route optimization

under fire[J]. Procedia engineering,2018,211:365-371.
[117] 方星,黄培清,霍良安.大型活动中人群的应急行为研究综述[J].中国安全科学学报,2011,21(11):22-28.
[118] WANG F Y,XU X,CHEN M K,et al. Simulation research on fire evacuation of large public buildings based on building information modeling [J]. Complex system modeling and simulation,2021,1(2):122-130.
[119] 王文熠.长廊型教学楼火灾蔓延过程及人员疏散优化研究[D].阜新:辽宁工程技术大学,2023.
[120] 刘妍煊.火灾条件下教学楼疏散策略研究[D].唐山:华北理工大学,2023.
[121] 吴翠平.高校宿舍火灾的数值模拟及疏散模型优化研究[D].上海:华东理工大学,2024.
[122] ZAHMATKESH F,MEMARI A M. Review of conventional and innovative technologies for fire retrofitting of existing buildings[J]. Open journal of civil engineering,2017,7(2):222-244.
[123] GHASSEMPOUR N,TANNOUS W K,AVSAR G,et al. Estimating the total number of residential fire-related incidents and under reported residential fire incidents in new south Wales,Australia by using linked administrative data[J]. International journal of environmental research and public health,2021,18(13):6921.
[124] BONNER M,CARACCI L,REIN G. Examining the fire risk in London dwellings using the London Fire Brigade Incident database[J]. Fire and materials,2024,48(2):192-207.
[125] 国家消防救援局.近 10 年全国居住场所火灾造成 11634 人遇难[EB/OL]. [2025-1-13]. https://www. 119. gov. cn/gk/sjtj/2022/27328. shtml.
[126] 唐艺璇,常波峰,孙璐瑶,等.突发事件下羊群行为对疏散效率的影响研究[J].西安科技大学学报,2021,41(3):457-463.
[127] 覃竞.建筑物火灾中人的心理和行为研究[J].广西民族大学学报(自然科学版),2016,22(增刊 1):120-123.
[128] 邬剑明,李英辉,杜红兵.火灾中人的心理状态及行为特点的研究[J].中国安全生产科学技术,2007,3(3):35-38.
[129] PROULX G. Evacuation time and movement in apartment buildings[J].

Fire safety journal,1995,24(3):229-246.

[130] KINATEDER M T,KULIGOWSKI E D,RENEKE P A,et al. A review of risk perception in building fire evacuation[EB/OL]. [2014-09-15]. https://nvlpubs. nist. gov/nistpubs/TechnicalNotes/NIST. TN. 1840. pdf.

[131] GERGES M,PENN S,MOORE D,et al. Multi-storey residential buildings and occupant's behaviour during fire evacuation in the UK[J]. International journal of building pathology and adaptation,2018,36(3):234-253.

[132] GERGES M,DEMIAN P,KHALAFALLAH A,et al. Occupants' perspectives of the use of smartphones during fire evacuation from high-rise residential buildings[J]. Applied sciences,2022,12(11):5298.

[133] ABASS D A,OLAGUNJU O,OLAJIDE P,et al. Evaluation of passive fire safety methods in hostel building:A case study of bells university male silver hostel[J]. International journal of advanced engineering research and science,2022,9(9):68-77.

[134] CORDEIRO E C,COELHO A L,NEPOMUCENO M C S. Perfil tendencial de comportamento dos ocupantes em caso de incêndio[J]. Engenharia civil UM,2024:6-18.

[135] 李建霖,傅丽碧,施永乾. 高层住宅安全疏散设计与优化[J]. 福州大学学报(自然科学版),2021,49(1):115-120.

[136] 刘朝峰,许强,齐钦,等. 高层住宅建筑火灾应急疏散模拟与策略研究[J]. 灾害学,2022,37(2):174-181.

[137] 陈长坤,秦文龙,童蕴贺,等. 突发火灾下人员疏散心理及行为的调查与分析[J]. 中国安全生产科学技术,2018,14(8):35-40.

[138] 王江波,苟爱萍. 火灾中高层住宅小区疏散及救援风险分析[J]. 消防科学与技术,2015,34(1):117-119.

[139] 李琰,张燕. 连体宿舍楼火灾模拟与安全疏散研究[J]. 中国安全生产科学技术,2019,15(1):163-168.

[140] 张少见,刘静,安翠. 一类高层住宅建筑安全疏散设计问题探讨[J]. 消防科学与技术,2017,36(6):782-784.